"十四五"普通高等教育本科部委级规划教材

U0149828

纹样、色彩、工艺：
家用纺织品艺术设计实践

田合伟 / 著

中国纺织出版社有限公司

内 容 提 要

本书按照教育部新文科建设要求，立足"四新"建设本质，强调"学生中心""产出导向""数字引领""学科交叉"和"艺工融合"，同时融入大量课程思政素材和完整的课程思政案例，此外，本书具有明确而清晰的学理和学脉，注重厘清家纺设计图案、色彩和工艺之间的联系，清晰地呈现它们之间相辅相成的关系。本书共六章，内容涵盖家用纺织品设计概述、家用纺织品图案设计、家用纺织品色彩设计、家用纺织品设计流程、家用纺织品配套设计、家用纺织品工艺制作。附录部分还展示了家纺设计案例，可供参考。

本书图文翔实，内容丰富，可用作家纺设计专业师生教材，亦可作为家纺设计行业从业者的参考书使用。

图书在版编目（CIP）数据

纹样、色彩、工艺：家用纺织品艺术设计实践 / 田
合伟著. -- 北京：中国纺织出版社有限公司，2024.3
"十四五"普通高等教育本科部委级规划教材
ISBN 978-7-5180-0116-3

Ⅰ. ①纹… Ⅱ. ①田… Ⅲ. ①纺织品－设计－高等学
校－教材 Ⅳ. ①TS105.1

中国国家版本馆 CIP 数据核字（2023）第 242167 号

责任编辑：苗 苗 魏 萌 责任校对：高 涵
责任印制：王艳丽

中国纺织出版社有限公司出版发行
地址：北京市朝阳区百子湾东里 A407 号楼 邮政编码：100124
销售电话：010—67004422 传真：010—87155801
http://www.c-textilep.com
中国纺织出版社天猫旗舰店
官方微博 http://weibo.com/2119887771
北京通天印刷有限责任公司印刷 各地新华书店经销
2024 年 3 月第 1 版第 1 次印刷
开本：787×1092 1/16 印张：12
字数：200 千字 定价：69.80 元

凡购本书，如有缺页、倒页、脱页，由本社图书营销中心调换

前言

　　本书由在高等学校从事纺织服装设计教学工作的一线教师编写而成，其初衷是为了适应社会发展对家纺设计人才的需求，同时也为建设高等学校家纺设计精品课程做出贡献，旨在培养高素质、领导型的艺工结合创新创业型人才。

　　本书按照教育部新文科建设要求，立足"四新"建设本质，强调"学生中心""产出导向""数字引领""学科交叉"和"艺工融合"五个方面，同时融入大量课程思政素材和完整的课程思政案例。此外，本书有明确而清晰的学理和学脉，注重厘清家纺设计图案、色彩和工艺之间的联系，清晰地呈现了它们之间相辅相成的关系。书中所涉及的观点、原理和定义都是基于设计教育界许多专家学者的教育实践与经验，来自作者长期的实践、思考、总结和积累。本书作者是在教学一线从事多年家纺设计教学工作的高校教师，在教学过程中，一直在不断摸索如何系统地、高效地、高质量地培养家纺设计人才。在编写过程中，作者基于多年的教学经验，不断与家纺企业设计师、工艺师及业内从事时尚流行设计研究的人员交流沟通，不断对本书进行最新知识的融入。家纺设计与纯理论课程不同，它在理论研究的基础上，更注重实践应用，本书的编写体现了可实践性、可操作性和易理解性的特点。

　　本书整体遵循循序渐进、由浅入深的编写原则，结合教师教学与学生实践，图文并茂、生动明了，阐述了学生应掌握的理论知识点以及实践操作方法，适合高等院校、职业院校、业余爱好者等各种程度读者学习使用。

　　本书的撰写与出版，离不开福州大学各位领导和同仁的大力支持，笔者在此表示衷心的感谢；同时，向本书撰写过程中提供帮助的朋友、学生表示感谢，也要向本书所用图片的作者表示最诚挚的谢意。

　　由于笔者能力有限，书中难免有疏漏之处，恳请各位读者批评指正！

著者

2023 年 7 月

课程设置指导

本教材适用的专业方向包括：纺织品设计专业、服装设计专业等。总课时为40课时。各院校可根据自身教学特色和教学计划对课程时数进行调整。

教学内容及课时安排			
章（课时）	课程性质（课时）	节	课程内容
第一章 （4课时）	基础理论 （4课时）	·	**家用纺织品设计概述**
		一	家用纺织品的概念与历史
		二	家用纺织品的分类与功能
		三	家用纺织品的发展趋势
第二章 （8课时）	设计与实践 （32课时）	·	**家用纺织品图案设计**
		一	民族风格图案
		二	古典风格图案
		三	卡通风格图案
		四	现代风格图案
		五	家用纺织品图案构成及基本法则
		六	家用纺织品中国传统图案创新设计
第三章 （8课时）		·	**家用纺织品色彩设计**
		一	纺织品色彩搭配
		二	家用纺织品色彩处理
		三	家用纺织品与流行色
第四章 （8课时）		·	**家用纺织品设计流程**
		一	家用纺织品市场调研
		二	家用纺织品设计流程
		三	家用纺织品创意文案
第五章 （8课时）		·	**家用纺织品配套设计**
		一	床上用品设计
		二	帘幕产品设计
		三	地毯设计
		四	餐厨卫浴纺织产品设计
		五	坐靠装饰类纺织产品设计
第六章 （4课时）	工艺制作 （4课时）	·	**家用纺织品工艺制作**
		一	印花、提花工艺设计
		二	刺绣工艺设计
		三	扎染、蜡染工艺设计

目录

第一章 | 家用纺织品设计概述

第二章 | 家用纺织品图案设计

第三章 | 家用纺织品色彩设计

第四章 | 家用纺织品设计流程

第五章 | 家用纺织品配套设计

第六章 | 家用纺织品工艺制作

参考文献

附录 作品赏析

第一章

家用纺织品
设计概述

● **本章要点**

1. 家用纺织品的概念

2. 家用纺织品的历史发展

● **本章学习目标**

1. 了解家用纺织品的概念与历史

2. 明确家用纺织品的特性与分类

3. 掌握家用纺织品的功能需求

4. 了解家用纺织品的发展趋势

近年来，随着家居行业"重装饰、轻装修"的潮流趋势，家用纺织品在不断提升实用性功能的基础上，更加重视装饰性作用，家纺产品的精神审美价值受到广大消费者的关注，因此家用纺织品行业迎来春天，开始焕发生机，呈现出前所未有的激活状态。

昔日家用纺织品市场局面比较狭窄，因此整个行业从挖掘消费者的潜在需求出发，寻求新的细分市场，如功能性家纺。很多家纺产业研发生产具有助眠功效、保健功效的智能家纺（图1-1）产品，时尚家纺（图1-2）产品，个性化家纺产品等，推动中国家用纺织品行业更快地向前发展。中国家用纺织品企业正在齐心协力地拓展家纺设计思路，设计出时尚且具中国特色的家用纺织品，树立独特的品牌文化，走出家纺行业的旧日窘境。目前中国家用纺织品行业的主要特点是出现产业集群带，形成以床品、布艺、绣品、毛巾、植绒、毯类等为特色产品的产业集群区域。

图1-1　智能家纺

家纺产业前景光明，将会迎来更大的发展。首先，以居民住房、宾馆酒店、旅行交通工具、医疗卫生等为代表的投资型和公共服务型消费热点，都将成为促进中国家用纺织品市场不断扩大的动力，同时各种大型展会、博览会等也为家纺行业发展提供了新的契机。其次，中国人生活质量不断提高，对家纺产品的需求不断扩大。最后，新婚家用纺织品、儿童家用纺织品等细分市场消费额也十分可观。作为纺织行业重点发展的三大板块之一的家用纺织品，正在悄然改变着人们的生活和市场的格局。

图1-2　时尚家纺

第一节 家用纺织品的概念与历史

家用纺织品也称为装饰用纺织品，它是对人类生活环境起到美化装饰作用的实用性纺织品。其主要应用于家庭和公共场所，如宾馆、酒店、剧场、舞厅、商场、公司、机关等公共场所，以及飞机、火车、汽车、轮船等旅行交通工具，与服装用纺织品、产业用纺织品共同构成纺织业的三大板块。作为纺织品中重要的一个类别，家用纺织产品在居室装饰配套中被称为"软装饰"，它在营造与环境转换中起着决定性的作用。从传统的满足"铺铺盖盖、遮遮掩掩、洗洗涮涮"的日常生活需求一路走来，如今的家纺行业已经具备了时尚、个性、保健等多功能的特点，家用纺织品纺织行业在家居装饰和空间装饰层面逐渐成为市场新宠，对于美化装饰、改善环境、提高人们生活品质、提升工作舒适度起到了很大的积极作用。

中国纺织技术发展历史悠久，早在新石器时代远古人类就已经掌握了纺织技术。采用麻、丝、毛、棉等纤维为原料，通过纺绩（纺纱、绩纱、缫丝）加工成纱线后再经编织（挑织）和机织而成的布帛，通常称纺织品。不同时期的纺织品是衡量人类进步和文明发达的因素之一。中国古代的丝麻纺织技术，已达到相当高的水平，在世界上享有盛名。

一、原始社会纺织品

浙江余姚河姆渡遗址（距今约7000年）发现有苘麻的双股线，在出土的牙雕盅上刻画着4条蚕纹，同时出土了纺车和纺机零件。江苏省苏州市吴中区草鞋山遗址（距今约6000年）出土了编织的双股经线的罗（两经绞、圈绕起菱纹）地葛布，经线密度为10根/厘米，纬线密度地部为13～14根/厘米，纹部为26～28根/厘米，是最早的葛纤维纺织品。河南郑州青台遗址（距今约5500年）发现了黏附在红陶片上的苎麻和大麻布纹、黏在头盖骨上的丝帛和残片，以及10余枚红陶纺轮，这是最早的丝织品实物。浙江省湖州市吴兴区钱山漾遗址（距今5000年左右）出土了精制的丝织品残片，丝帛的经纬密度均为48根/厘米，丝的捻向为Z捻；丝带宽5毫米，用16根粗细丝线交编而成；丝绳的投影宽度约为3毫米，用3根丝束合股加捻而成，捻向为S捻，捻度为35

个/10厘米。这表明当时的缫丝、合股、加捻等丝织技术已有一定的水平。同时出土的多块苎麻布残片，经线密度为24~31根/厘米，纬线密度为16~20根/厘米，比草鞋山葛布的麻纺织技术更进一步。

新疆哈密五堡遗址（距今3200年）出土了精美的毛织品，组织有平纹和斜纹两种，且用色线织成彩色条纹，说明当时的毛纺织技术已有进一步发展。福建崇安武夷山船棺（距今3200年）内出土了青灰色棉（联核木棉）布，经纬密度均为14根/厘米，经纬纱的捻向均为S捻，同时还出土了丝麻织品。上述以麻、丝、毛、棉天然纤维为原料的纺织品实物，表明中国新石器时代纺织工艺技术已相当进步。

全国各地博物馆陈列的相关纺织文物以及纺织考古史料充分证实，古代劳动人民在与自然环境的艰苦斗争中，在纺织品领域取得了很大功绩，在世界范围内产生较大影响。无论从织造原料还是织造技术来看，我国纺织品都具有悠久的历史，是勤劳勇敢的中华民族的最好见证。

二、夏商周纺织品

夏商周时期的社会经济进一步发展，宫廷王室对于纺织品的需求量日益增加。周朝的统治者设立与纺织品有关的官职，掌握纺织品的生产和征收事宜。商周的丝织品种类较多，河北藁城台西遗址出土黏附在青铜器上的织物，已有平纹的纨、皱纹的縠、绞经的罗、三枚（2/1）的菱纹绮。河南安阳殷墟的妇好墓铜器上所附的丝织品有纱纨（绢）、朱砂涂染的色帛、双经双纬的缣、回纹绮等，殷墟还出土了丝绳、丝带等实物。陕西宝鸡茹家庄西周墓出土了纬二重组织的山形纹绮残片。进入春秋战国时期，丝织品更是丰富多彩，湖南长沙楚墓出土了几何纹锦、对龙对凤锦（图1-3）、填花燕纹锦等，湖北江陵楚墓出土了大批的锦绣品。毛织品则以新疆

图1-3 对龙对凤锦

吐鲁番阿拉沟古墓中出土的数量最多，花色品种和纺织技术比哈密五堡遗址出土的毛织品更胜一筹。

夏商周时期，纺织品逐渐开始被赋予了身份和地位等社会意义，彰显严格的等级制度，冠服制度开始确立，奠定了丝织品在中国纺织历史上至高无上的地位。从夏代起，纺织品已经成为交易物品，出现了纺织生产发达的中心城镇，形成了以纺织生产为业的专业氏族。束丝（绕成大绞的丝）成了规格化的流通物品。丝绸贸易也已达到了相当的水平。商代丝织物的品种有所增加，绢、组、绣、罗、印绘等种类的织物都有出土记载。商周时期，在一些大型贵族墓葬中还出土了为数不少的玉蚕等实物，也证实了当时的丝织业开始受到人们信仰和原始宗教的影响。西周时期，具有传统性能的简单纺织机械，如缫车、纺车、织机等就已经相继出现，还出现了专织绞经织物的罗机。此外，这一时期的染色技术不断提高，"青、黄、赤、白、黑"五种主要颜色已经出现，并开始用不同颜色的丝帛服装来区分身份等级。

三、秦汉纺织品

汉代出土的丝织品按织物组织可以分为平纹组织的纱、绢、缣，绞经组织的素罗和花罗，斜纹组织显花的绮、锦、绒圈锦等。这充分体现了汉代纺织技术的高度成就，秦汉纺织品通过"丝绸之路"的传播，对世界纺织科学技术的发展产生了深远的影响。目前出土的秦汉纺织品，是反映汉代纺织手工业技术水平的重要物证。此外，在朝鲜乐浪王墓、蒙古国诺彦乌拉墓地、俄罗斯巴泽雷克冢墓、叙利亚巴尔米拉古墓等，发现了独特的汉隶铭文丝织品，以及缂毛、斑等毛织品，还有敷彩印花和蜡缬、夹缬等印染品。秦汉纺织品为横贯亚欧大陆"丝绸之路"的繁荣昌盛和贸易交流提供了坚实的物质基础。

秦汉纺织品以湖南长沙马王堆汉墓和湖北江陵秦汉墓出土的丝麻纺织品数量最多，花色品种最为齐全，有仅重49克的素纱禅衣（图1-4）、耳杯形菱纹花罗、对鸟花卉纹绮、隐花孔雀纹锦、凸花锦、绒圈锦等高级提花丝织品。还有第一次发现的印花敷彩纱、泥金银印花纱等珍贵的印花丝织品。沿丝绸之路出土的汉代织物更是绚丽璀璨，1959年新疆民丰尼雅遗址东汉墓出土有隶体"万事如意"锦袍（图1-5）、"延年益寿大宜子孙"锦手套和袜子（图1-6）等。毛织品有龟甲四瓣纹、人兽葡萄纹、毛罗和地毯等名贵品种。在这里还首次发现蜡染印花棉布及平纹棉织品。

秦汉时期逐渐形成了黄河流域、巴蜀地区和长江中下游三大丝织业中心。其中以黄

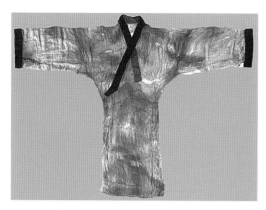

图1-4 素纱禅衣

图1-5 "万事如意"锦袍

图1-6 "延年益寿大宜子孙"锦

河流域最为重要。政府设立了专为皇室生产锦、绣、纨、绮等高档织物的机构——御府尚方织室。而黄河下游的齐鲁之地也成为丝绸织绣的生产重地。自战国时期起，巴蜀地区以成都为主，蚕织事业已初具规模，主要以织锦而著称。蜀锦的织造有着独特的整经工艺，在长期的发展过程中形成独特的风格、品种和色彩纹样。自秦以来，麻布的精粗程度开始以"升"来表示。周代的麻织技术与丝织技术不相上下。秦汉以来，大麻布和一般苎麻布都是老百姓的日常衣料。

　　秦汉时期丝织物主要分布在当时的楚地——两湖地区，织绣种类达到几十种之多，反映出这一时期的织绣技术也达到了相当高的水平。丝织工艺技术的发展主要体现在丝织品纹样上的演变上，主要表现在从纱、绫、罗、绮、锦等几种代表织物上，其中尤其以锦最为华丽和突出。战国的织锦纹样多为矩形、菱形等几何纹，龙凤、麒麟、人物线条贯穿其中，颜色以棕、灰绿、朱红为主，缤纷华丽，生动反映了楚文化的神奇浪漫，具有浓厚的生活气息。而汉代的织锦纹样以花卉和飞禽走兽为主题，再配以几何纹、水波纹等。

四、隋唐纺织品

魏晋南北朝时期的丝织品仍以经锦为主，花纹则以禽兽纹为特色。1959年，新疆于田屋于来克古城遗址和吐鲁番阿斯塔那高昌国墓群出土有夔纹锦、方格兽纹锦、禽兽纹锦、树纹锦，以及"富且昌宜侯王天延命长"织成履等。毛、棉织品发现有方格纹毛、紫红色毛、星点蓝色蜡缬毛织品，以及桃纹蓝色蜡缬棉织品等新的缬染织物。

隋唐时期纺织品的生产分工明确，唐王朝官府专门设立织染署，管理纺织染作坊。唐代纺织品在各地均有出土，以新疆、甘肃为最多，传世品则以日本正仓院所藏数量最为丰富。新疆吐鲁番阿斯塔那墓群出土了大量唐代纬线显花的织锦，花纹以联珠对禽对兽为主，有对孔雀、对鸟、对狮、对羊、对鸭、对鸡及鹿纹、龙纹等象征吉祥如意的图案，还出现了团花、宝相花、晕花、骑士、胡王、贵字、吉字、王字等新的纹饰。纹缬染色更有新的发展，有红色、绛色、棕色绞缬绢、罗；蓝色、棕色、绛色、土黄色、黄色、白色、绿色、深绿色等蜡缬纱绢及绛色附缀彩绘绢等，这代表着印染工艺技术已达到新的水平。

隋唐时期装饰纹样的逐渐成熟促使纺织品有了更大的发展。联珠纹（图1-7）是萨珊波斯王朝最流行的纹样，在西方艺

图1-7 联珠纹

术东进的大潮中，被唐代接纳并发展成为重要的装饰艺术元素，成为唐代纺织品纹样中最具有代表性的一种，风行一时。它由连续的圆珠构成，时而呈条带状，排列在主纹或织物的边缘；时而作菱格形，其内填以花卉；更常见的是围成珠圈环绕主纹，主纹多为适合于圆的图形，常有鸟、鹿、猪头、花朵、鸭、鸳鸯等，其形象往往相当程式化、抽象化。在唐织锦中，联珠纹代替了汉锦中卷云和各种鸟兽横贯全幅、前后连续的布局方法，而以联珠圆圈分隔成各个花纹单元。

团窠纹即现在所称的团花（图1-8），是唐代纺织品中的一个创新。其是把单位纹样组合成圆形，并按米字格（或井字）骨格作规则散点排列的纹样形式。通常在四个团窠纹之间的空间，缀饰以忍冬纹向

图1-8 团窠纹

四面伸展，所以被称为"四出忍冬"。纹样风格受波斯纹饰影响较大，样式十分丰富。它常以宝相花作为团花的主题，其中宝相花的构成综合了牡丹、菊花等花卉特征，造型富丽堂皇、丰满工整。现存实物有新疆吐鲁番阿斯塔那出土的唐代"红地宝相花纹"锦。花瓣重叠繁复，富丽而优美，体现盛唐风采。

唐代纺织品流行的另一种花纹是对称纹（图1-9），多用动物组成左右相对的格式，采用的动物有孔雀、鸟、龙、羊、鹿、狮、熊、天马、骆驼等。动物的身上往往系着飘带，也有用人物题材的，如骑士、狩猎等。唐初的"陵阳公纹样"是对称纹中的典范，它是唐初窦师纶在担任益州大行台兼管修造皇室家用物时，设计的一种上贡瑞锦和宫绫图案样式。唐代张彦远的《历代名画记》记载："窦师纶……敕兼益州大行台检校修造，凡创瑞锦宫绫，章彩奇丽，蜀人至今谓之陵阳公样。太宗时，内库瑞锦，对雉、斗羊、翔凤、游鳞之状，创自师纶，至今传之。"论述了其样式多采用成双对称法，布局合理，造型美观，影响范围甚广，如唐永徽四年的对马纹锦，和对狮、对羊、对鹿、对凤等纹样，都是典型代表。

此外唐代纺织品很流行使用散花纹（图1-10）和几何纹，散花纹是没有固定规则

的格式花锦，多用团花和菱形作交替排列，具有圆和方的对比之美，常用牡丹、花草、鸟蝶等组成自由式纹样，也有用一种小菽花作散点排列的。几何纹常见有万字、双胜、龟背、锁子、棋格、十字、锯齿、间道等形式。从唐代周昉《簪花仕女图》和《纨扇仕女图》中所描绘的妇女服饰，可以看到纺织品上几何形图案的具体形象。不过唐纺织品中几何纹的纹样单位一般较小，形象单纯，已退居次要地位。

图1-9 对称纹

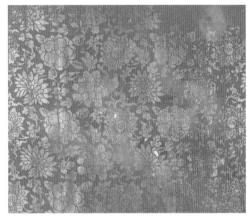
图1-10 散花纹

五、宋元纺织品

宋朝的纺织业已发展到全国，重心南移江浙。丝织品中尤以花罗和绮绫最多。宋黄昇墓出土的各种罗组织的衣物有两百余件，其罗纹组织结构有两经绞、三经绞、四经绞的素罗，有起平纹、浮纹、斜纹、变化斜纹等组织的各种花卉纹花罗，还有粗细纬相间隔的落花流水提花罗等。绮绫的花纹则以牡丹、芍药、月季、芙蓉、菊花等为主体纹饰。此外有第一次出土的松竹梅缎。印染品技术已发展成为泥金、描金、印金、贴金，加敷彩相结合的多种印花技术。宋代的缂丝以朱克柔的《莲塘乳鸭图》最为精美（图1-11），是闻名中外的传世珍品。宋代的棉织品得到迅速发展，已取代麻织品成为大众衣料。

元代纺织品以织金锦（纳石失）最为出名。1970年新疆盐湖出土的金织金锦（图1-12），经丝直径为0.15毫米，纬丝直径为0.5毫米，经纬密度各为52根/厘米和48根/厘米；捻金织金锦的经纬密度各为65根/厘米和40根/厘米，更加富丽堂皇。山东省邹城市元墓则第一次出土了五枚正则缎纹。

宋元时期是我国汉族与少数民族文化大融合的时期，不仅织绣的品种更加丰富，而

图 1-11 《莲塘乳鸭图》　　　　　　　图 1-12 新疆盐湖出土的金织金锦

且织法也有很多创新。宋锦开始兴起，并成为当时纺织的主流，因为产地在苏州，又称为"苏州宋锦"。宋锦有四十多个品种，其中重锦是最贵重的宋锦品种，多用于宫廷、殿堂里的各种陈设品以及巨幅挂轴等，而且当时的宋锦主要用来满足宫廷服装和书画装帧的需要。此时的绫也被广泛用于官服、书画装裱、官诰以及度牒上，宋代的刺绣开始有了向艺术品过渡的趋势，这时还逐步形成了刺绣准则，出现了模仿书画的绣品，政府也曾设书院，召集绣工，制作人物花鸟、山水楼阁等绣品，涌现出一批能工巧匠。与此同时，过去依附于纺织业的染色业与衣、帽、鞋等的制作也成为独立的专门化的手工业部门，出现了裁缝这个专门职业。

六、明清纺织品

明清纺织品以江南三织造即江宁（今南京）、苏州、杭州生产的贡品技艺最高，其中各种花纹图案的妆花纱、妆花罗、妆花锦、妆花缎等别具特色。极富民族传统特色的蜀锦、宋锦、织金锦和妆花（云锦）锦合称为"四大名锦"。1958年，北京明定陵出土织锦165卷，袍服衣着200余件，第一次发现了单面绒和双面绒的实物，其中一块绒的经纬密度分别为64根/厘米和36根/厘米，丝绒毛的高度为0.2毫米。棉织品生产已遍及全国各地，明代末年，仅官府需要的棉布即在1500万匹至2000万匹，大量精致华贵的丝织品，通过陆上和海上丝绸之路远销亚欧各国。

明清时期，纺织技术日臻成熟，各类纺织品应有尽有，特别各种纺织品纹样的应用，使明清时期的纺织品丰富多彩、美轮美奂。宋元以来，随着理学的发展，装饰艺术领域反映意识形态的倾向性越来越强化，社会的政治伦理观念、道德观念、价值观念、宗教观念都与装饰纹样的形象结合起来，表现某种特定的含义，几乎是图必有意、意必吉祥。后来图案界就把它们叫作"吉祥图案"。明清时期的吉祥图案已经具备完整的体系，利用象征、寓意、比拟、表号、谐意、文字等方法，以表达它的思想含义（图1-13）。

象征就是根据某些花草、果、木的生态、形状、色彩、功用等特点，表现特定的思想。例如，石榴多籽，象征多子；牡丹花型丰满，色彩娇艳，被诗人称为"国色天香""花中之王""花中富贵"，故象征富贵（图1-14）；葫芦和瓜瓞（小瓜为瓞）、葡萄、藤蔓不断生长，

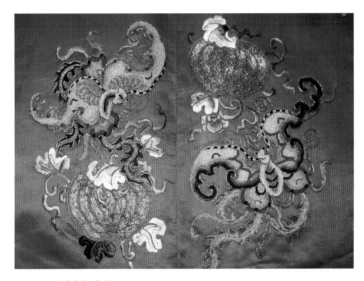

图1-13 清代福寿纹

图1-14 清代牡丹纹

不断开花结果，象征长盛不衰、子孙繁衍；灵芝可以配药，久服有健身功效，明清丝绸纹样中灵芝纹用得很多，因灵芝形状像如意，又象征长寿。

寓意是借某些题材寄寓某种特定的含义，寓意必须使人理解，故多与民俗或文学典故有关。例如，莲花在佛教中是清净纯洁的象征，唐朝王茂叔爱莲，因莲花出淤泥而不染，故莲花被当作纯洁的象征。晋朝葛洪在《抱朴子》中说，"菊花长期服用能清心明目，可长寿"。东晋王嘉在《名山记》中说"道士朱孺子，在吴末入王笥山，服用菊花，后来升天"，故菊花也寓意长寿；东晋陶渊明种菊东篱，故喻菊花为隐逸。传说王母种桃，三千年结果，吃了可以极寿，故桃子寓意长寿；《汉武内传》记载，汉武帝时东方朔为了长寿，三次偷食王母的仙桃。

比拟是赋予某种题材以拟人化的性格。例如，梅花在一年中开花最早，被称为花中状元，梅花枝干孤高挺秀，不畏寒冷，故又把梅花比拟文人清高。南宋马远把梅、松、竹与《论语·季氏》的"益者三友"——友直、友谅、友多闻联系起来，作松、竹、梅《岁寒三友图》，后《岁寒三友图》在装饰纹样中普遍流行（图1-15、图1-16）。再如并蒂莲花可比拟爱情忠贞，明定陵孝靖皇后棺曾出土喜字并蒂莲织金妆花缎。

图1-15　清代喜上眉梢纹

图1-16　清代竹纹

表号是以某些事物作某种特定意义的记号，如把萱草称为宜男草、忘忧草，是母亲的表号。佛教的八种法器宝轮、宝螺、宝伞、宝盖、宝花、宝罐、宝鱼和盘肠是吉祥的表号，称为"八吉祥"。谐音是借用某些事物的名称组合成同音词表达吉祥含义。例如，用玉兰、海棠、牡丹谐音"玉棠富贵"；灵芝、水仙、菊花谐音"灵仙祝寿"；用五个葫芦与四个海螺谐音"五湖四海"等。此外，还有很多文字吉祥图案，如寿字、福字、喜字都常用在明代纺织品纹样中，还有"百事大吉祥如意"七字作循环连续排列，可读成百事大吉、吉祥如意、百事如意、百事如意大吉祥等。

明清纺织品还大量应用自然气象纹，以云纹最突出。云纹有四合如意朵云、四合如意连云、四合如意七窍连云、四合如意灵芝连云、四合如意八宝连云、八宝流云等；雷纹一般作为图案的衬底；水浪纹多作服装底边等处的装饰，也有作落花流水纹的。几何纹也是明代纺织品经常应用的纹样之一。明代几何纹概括起来有三种类型，第一种是八达晕、天花、宝照等纹样单位较大的复合几何纹，基本骨格由圆形和米字格套合连续而成，并在骨格内填绘花卉和细几何纹，这类花纹只少量用于服饰；第二类是中型几何填花纹，如盘绦纹、双距纹、毯路纹等，有一部分用于日常服装；第三类是小型几何纹，如龟甲纹、方胜纹、方纹、四合和四出纹、柿蒂纹、枣花纹、毯路（露）纹、连钱纹、锁子纹等都属于这一类别。

人物纹样在纺织品中的应用是明清纺织品纹样的一个创新，这个时期人物纹样主要有百子图、戏婴图、仕女、太子及神仙、佛像等（图1-17、图1-18）。在当时的社会，

纹样、色彩、工艺：家用纺织品艺术设计实践

纺织品纹样受统治阶级审美思想的支配，但宫廷用纺织品和民间用纺织品是民族文化的统一体，它们互相渗透、互相影响。民间著名的纺织工艺是宫廷和官府利用的对象，民间能工巧匠的精心杰作，民间丰富多彩的生活情调和服饰艺术，不断向宫廷渗透。而民间服饰艺术中也会带有一些统治阶级思想的感染，如明代松江一带的民间浇花布（蓝白印花布），图案题材中也包含龙凤、麒麟、狮子、仙鹿、岁寒三友等统治阶级常用的素材。

图1-17 清代仕女纹

图1-18 清代福娃纹

014

第二节　家用纺织品的分类与功能

一、家用纺织品的分类

1. 按照加工手段分类

（1）机织类装饰用纺织品。指用普通织机或特殊织机（如簇绒织机）加工制织的各种装饰用纺织品。

（2）针织类装饰用纺织品。指用纬编针织机或经编针织机加工制织的各种装饰用纺织品（图1-19）。

图1-19　针织拉绒窗帘

（3）编织类装饰用纺织品。指用手工方法编织的装饰用纺织品，如手工抽纱制品、编结物等（图1-20）。

（4）非织造类装饰用纺织品。指用非织造方法加工制造的装饰用纺织品，如无纺布等。

图1-20　编织窗帘

2. 按照用途分类

（1）以建筑物、构筑物地面为主要对象的装饰用纺织品。有用棉、毛、丝、麻、椰棕及化学纤维等原料加工而成的软质铺地材料，主要有地毯和人造草坪两类。

（2）以建筑物墙面为主要对象的装饰用纺织品。有用作墙面包覆材料的丝绸制品；

丝织像景；用经编针织机织造的墙面装饰针织布；用类似编织地毯的方法加工织制的墙面装饰织物，如壁毯、墙布、墙毡等（图1-21、图1-22）。

图1-21　壁毯

图1-22　墙布

（3）以室内门、窗和空间为主要对象的装饰用纺织品。有用不同织法、不同材料制作而成的窗纱、窗帘、门帘、隔离幕帘、帐幔等（图1-23、图1-24）。

图1-23　门帘

图1-24　帐幔

（4）以各种家具为主要对象的装饰用纺织品。有沙发及椅子布艺面料、椅套、台布、餐布、灯饰、靠垫、坐垫等（图1-25、图1-26）。

图1-25 餐桌布艺

图1-26 布艺灯饰

（5）以卧室、床铺为主要对象的装饰用纺织品。俗称床上用品，包括床单、被褥、被面、枕头及床罩、被套、包套和各种毯子、枕巾等（图1-27、图1-28）。

（6）以装饰餐饮、盥洗环境，满足盥洗卫生需要的装饰用纺织品。例如，各种毛巾、浴巾、浴帘、围裙、餐巾、手帕、抹布、拖布、坐便器圈套、地巾、垫毯等用于餐饮、炊事、卫生间的装饰纺织品等。

图1-27　拉舍尔毛毯

图1-28　婚庆床上用品

二、家用纺织品的功能

1. 装饰性

家用纺织品，顾名思义是以家庭、居住等为主要目的的纺织品。因此，能充分实现装饰目的是对这类纺织品的最基本的要求，装饰用纺织品的装饰性主要是通过织物的色彩、图案、款式、风格、质感等来体现的。同时，要十分注意同周围环境和装饰对象的协调（图1-29）。

图1-29 装饰性家纺

2. 实用性

家用纺织品同艺术品不一样，它们是实用纺织品。虽然好的装饰用纺织品或好的装饰设计布置能给人以艺术享受，但它们必须满足实用的要求。其中包括方便使用（包括便于施工）、尽量耐用、符合消费者对舒适性方面的要求等（图1-30）。

3. 安全性

人群聚集的宾馆、酒店等公众场合使用的纺织品，车船、飞机等交通工具使用的装饰用纺织品，必须保证具有一定的阻燃性能，有的还应该具有防静电、防有害化学物质对人体的伤害等功能，确保使用过程中安全可靠。

图1-30　实用性家纺

4. 功能性

随着人们生活水平的不断提升以及科技的不断发展，市场对家用纺织品的功能性提出了更高的要求，如抗菌、吸湿、排汗、保健等，这类功能性家用纺织品越来越受到市场青睐。

三、家用纺织品的功能发展

家用纺织品早期使用的面料除了内在质量要求外，只对缩水率和色牢度有一定的要求。随着国内家纺市场的迅速发展，对家纺面料的功能性提出了更高的要求。用户对家用纺织品的要求也非常严格。例如，毛巾产品，成人、儿童每天都必须使用，因此对于面料的吸水性、抗菌除臭性要求较高；又如床上用品，在追求保暖性的同时，又不能太过厚重；对窗帘类而言，不但要在室内起到装饰作用，还对防风性、防水性有较高的要求；对沙发布类而言，除美观、手感好等要求外，面料具有良好的防沾去污性也是一个重要的衡量标准。这些性能的要求非常严格，因此，一件好的家用纺织品要具备以下七种功能：

1. 保暖性

虽然保暖性是与织物厚度密切相关的，但是使用者又不喜欢被子等床上用品过于厚重，因此既要保暖又要轻便成为目前床上用品的基本要求。达到这种要求最常见的方法是把涤纶纤维内部做成多孔空心状，使纤维内包含大量静止空气，外部做成螺旋卷曲状以保持蓬松性，如此便能在保证质地轻盈的前提下起到良好的保温作用（图1-31）。

图1-31 保暖珊瑚绒家纺

此外，在涤纶等合成纤维纺丝液中加入含氧化铬、氧化镁、氧化锆等特殊陶瓷粉末，特别是纳米级的微细陶瓷粉末，它能够吸收太阳光等可见光并将其转化为热能，因此具有优异的保温和蓄热性能。还有把远红外陶瓷粉、黏合剂和交联剂配制成整理剂，对面料进行涂层处理，再经干燥和焙烘处理，使纳米陶瓷粉附着于面料表面和纱线之间，这种整理剂具有抑菌、防臭、促进血液循环等保健功能。

2. 抗菌、除臭性

由于毛巾类用品经常沾水使用，一般又放在相对潮湿的环境中，微生物会大量繁殖，有可能导致毛巾散发臭味并引起使用者的瘙痒感，因此毛巾类用品对于抗菌、除臭的要求相对较高，最好是经过抗菌防臭化学处理的，一般的处理方法是使用具有杀菌作用的整理剂，使其具有一定的抗菌性。近年来日本在天然抗菌整理剂的研究上做了不少探索，如采用芦荟、艾叶等具有杀菌作用的芳香油提取物，将其包覆在多孔性有机微胶囊或多孔性陶瓷粉末中附着在面料上，并加以树脂交联固定，通过摩擦、挤压等机械作用缓慢释放出杀菌剂以达到耐久抗菌整理的目的。这一类天然抗菌剂有一定的保健功能，不过由于目前固定抗菌剂的技术有限，抗菌剂的耐洗性还不够好，每洗涤一次抗菌性能就下降一些，一般几十次之后就会完全消失（图1–32、图1–33）。

图1–32　抗菌除臭毛巾

图1–33　儿童抗菌冰丝睡衣

3. 防污、去污性

沙发布类家用纺织品要求尽量不容易被污渍所沾污，一旦被沾污之后又要易于洗涤去除。目前一般采用的技术是改变纤维的表面性能，大幅度提高面料的表面张力，使油污和其他污渍难以渗透到面料内部去，轻微的污渍用湿布揩擦即可去除，较重的污渍也易于清洗。而防污整理不仅能够防止油污的污染，同时还具有防水透湿的性能，属于比较实用有效的高级化学整理手段（图1–34）。

4. 防水性

窗帘、沙发布类家用纺织品要求面料具有良好的防水性，防水面料就是利用了水的表面张力特性，在织物上涂覆一层聚四氟乙烯PTFE（与"耐腐蚀纤维之王"的聚四氟乙烯PTFE的化学成分相同但物理结构不同）的增强织物表面张力的化学涂层，使水珠无法透过面料表面组织上的孔隙，从而达到防水的效果（图1–35）。

图1-34　防污可拆卸沙发

图1-35　防水帘

5. 透湿性

被套类家用纺织品因本身的使用特性，需要面料具有透湿性。面料的透湿性可在织物结构上做到，如采用双层组织结构，内层用疏水性纤维，而外层用亲水性纤维，这样汗液就能依靠毛细管作用，从皮肤上转移到内层纤维上，再由于外层亲水性纤维与水分子的结合力强于内层疏水性纤维，水分子又再次从织物的内层转移到外层，最后散发出去。

6. 抗静电性

家用纺织品基本由化学纤维面料制成，每到水分易于挥发、环境比较干燥的季节，静电就成了问题。静电一般会让家用纺织品易起毛起球、沾染灰尘污垢，且贴近皮肤有电击感。最好的抗静电面料是天然纤维织成的，但是纯天然纤维面料往往价格昂贵，难以满足不同层次的家纺用品消费者，而且就算是天然纤维面料，在非常干燥的环境下也会因为缺乏水分子而产生静电现象。家纺用面料的抗静电整理途径主要是采用具有吸湿作用的抗静电剂，给面料表面涂上一层可以吸附水分子的化学薄膜，使面料表面形成一层连续的导电水膜，将静电传导逸散。这种方法可使面料具有抗静电功能且不会影响到本身的柔软性和舒适性（图1–36）。

图1–36　抗静电法兰绒床品

7. 交互性

伴随各学科的交叉融合，交互性智能纺织品得到了长足的发展。例如，触觉纺织品，让面料像皮肤一样拥有触觉，触觉纺织品可以用于运动训练和医疗康复，通过触觉纺织品可以便捷地观测用户。匈牙利设计师开发了能够根据人的触摸和声音而改变面料色彩、图案的交互性面料，一些声音智能纺织品还被用于艺术疗愈行业，如欧洲一位设计师开发了一款有助于阿尔茨海默病患者的毯子，能够帮助阿尔茨海默病患者重新点燃生活的体验。

第三节　家用纺织品的发展趋势

一、家纺产业的聚合与转移

目前，家纺企业为降低企业运营成本，提升市场竞争力，原来游离于产业集群之外的企业迅速聚拢到一起，促使产业基地的格局更加集约化、明朗化。产业集群地有制造企业多、物流直达四面八方、信息流大、配套设施完善等优势，除了配套加工成本低外，采购信息、商家资源销售成本也很低。例如，浙江义乌就是一个典型的产业集群地，全国各地有很多家纺企业到义乌办厂。特别是近些年家纺产业集群的聚合速度将加快，在金融危机下，很多游离在产业集群边缘的企业，为了保证生存，就必定向产业集群地靠拢，所以家纺产业的环境决定了产业的聚合。

受土地成本、能源成本、劳动力成本快速上升和生态环境约束，资源密集型产业和劳动密集型产业的发展受到制约，产业结构优化升级压力增加，东南沿海地区纺织产业向中西部转移步伐加快。最近，河南、四川、重庆、江西等地先后举行招商会议，大力邀请广东企业到当地建厂，家纺企业要更好地发展，也必须及时调整战略目标，开始产业转移与升级。

二、家用纺织品企业管理

未来家纺行业市场两极分化更加明显，具有丰厚的资金、品牌优势、渠道优势的家纺企业将迅速拉开与中小家纺企业的距离。传统家纺行业是以专卖店为主要营销模式，企业能否在转型时期安全渡过，很大程度上取决于管理。纺织行业正处在转型升级的关键时期，受国际金融危机影响，部分企业生产经营难度加大。进一步加强企业管理，是加快转变发展方式的必然要求，是促进企业降本增效，提高产品质量和企业竞争力的重要举措，是促进纺织工业调整和振兴，有效应对国际金融危机和国际局势变化的有效措施。

三、家用纺织品销售模式

国外市场经济萧条，外销市场严重受阻，外销企业势必转而争抢国内市场。金融危机对外销企业的影响最大，过去完全依赖外销的企业现在开始转向内销，很多外销转内销的企业都获得一定的销售增长。

厂商为降低运作成本、拓宽销路，获得市场竞争优势，逐渐重视网络营销。互联网的广泛运用也决定了电子商务的可行性，众多家纺企业纷纷展开网络营销并取得巨大成功，如水星家纺，这证明了信息化时代的到来。随着互联网的广泛应用，现在很多企业都在使用计算机管理系统来实现对企业的管理及产品销售。互联网是生产经营的工具，网络营销在几年前已经启动，聪明的商家不但可以从互联网上了解到市场行情和产品的价格，更重要的是节省了实地采购所花费的成本。中国团购联盟现今已获得业界厂商的广泛认可。网络团购可拓宽厂家产品销路，快速提升产品销量，网络团购有助于经销商降低采购成本，因此互联网渐渐成为企业降低各种经营成本的重要工具。

优秀企业要想脱颖而出就得在客户服务方面狠下功夫，只有这样才能保护市场份额。要有忠诚的客户，首先要有忠诚的员工；要有忠诚的消费者，首先要有忠诚的商家。经销商会议其实也是一种企业服务行为。企业举办经销商会议，不单是为了商家来订货签单，除了规范行为和一些合作的条款外，更重要的意义在于统一商家思想，要对自己代理的品牌有信心，形成一种"抱团打天下"的意念。商家在卖产品的时候不单要介绍其产品，更需要介绍产品背后的东西。商家在服务方面要更加规范、更加到位，卖产品文化的理念也要开始提升。

四、功能性家用纺织品

随着经济的发展和生活水平不断提高，人们对自身健康越来越关注，逐渐开始追求"绿色·健康·环保"的家纺品。在传统家纺利润逐渐下降时期，功能性家用纺织品成为众多家纺企业瞩目的焦点。功能性家用纺织品，就是将远红外、磁疗、薰衣草芳香疗法、负离子等高新技术添加到传统家用纺织品中，以起到保健、治疗、调节人体机能的作用（图1-37、图1-38）。

图1-37 远红外被子

图1-38 磁疗枕

五、行业标准的完善

为了让家纺市场健康发展，规范市场竞争秩序是必要的措施。相关部门将不断出台各种行业标准，以促进行业健康有序发展。随着标准的相继出台，家纺行业的门槛也随之提高，一些没有实力的厂商逐渐被淘汰。

 思考与练习

1. 怎样在现今时代背景下解读"大家纺"的概念？

2. 通过对纺织品概念和历史的了解，对你个人设计家纺产品产生了什么启发？

3. 在目前家纺发展趋势下，如何成为一名合格的家纺设计师？

第二章

家用纺织品图案设计

● **本章要点**

1. 中国民族图案的风格与特征

2. 外国民族图案的风格与特征

3. 波普图案的特征

● **本章学习目标**

1. 掌握中国民族图案的风格与特征

2. 了解外国民族图案对中国民族图案的影响

3. 能够综合应用各种风格图案进行创作

家用纺织品是实用性和美观性相结合的产品，因此在家用纺织品的图案设计创作过程中，一方面要充分考虑产品实用性，另一方面也要非常重视产品外观图案的美观性。综合考虑各方面因素，确定准确的市场定位，满足不同地区、不同性别、不同年龄、不同职业、不同文化背景等各种类型消费者的需求。

　　图案设计创作能够很好地将历史感和文化感融入家用纺织产品，虽然现实经历了历史的洗涤、艺术流派的变迁、艺术风格的转换，以及人类生活方式的变更、生产技术条件的改进与提升，但是家用纺织品图案素材却更加丰富多彩，流传至今。每一个流行的家用纺织品图案创作，都在特定的历史氛围、技术条件以及市场需求下，能够比较准确地传达出一种人文情感、艺术品位以及时尚理念，同时迎合市场、消费者的不同需求。

　　一个合格的家用纺织品设计师，应该深入研读世界各地风格迥异的图案，了解这些图案的产生背景、发展变化、文化内涵等，吸取精华的同时结合时尚流行趋势，设计开发出能够与消费者对话并产生情感共鸣的优秀作品。

第一节　民族风格图案

一、中国民族图案

　　中华民族是一个追求美满、和谐的民族，因此中华民族的图案创作在取材上多种多样，在造型上圆满美观，在色彩上不拘一格。其造型受到原始图腾崇拜、实用主义、功利主义以及制作技术等方面的影响，为了表达美好的诉求，创作者下意识、不自觉地会应用象征、联想等装饰变形手法对图案进行加工处理。经过长期的实践摸索，中华民族创造了适合纹样、单独纹样、二方连续纹样以及四方连续纹样等图形装饰形式，并且总结了一整套装饰造型的形式美规律和法则，造就了中华民族独具风格的民族图案。

1. 汉族纺织品图案

　　（1）龙凤纹。汉族是我国人口最多、分布最广的一个民族，汉族的纺织品图案具有根源性、原创性、包容性、辐射性等特征。汉族图案最具代表性的就是龙凤图案，中国封建统治者把龙作为皇权的象征和王室的标志，中华民族也自称龙的传人。

　　龙纹在汉族纺织图案中的应用十分普遍，无论是宫廷纺织品还是民间纺织品，龙题材的图案都有很多，如最为常见的"龙凤呈祥"图案，代表着吉祥与喜庆，同时还传递了郎才女貌的情感。凤凰是古代传说中的百鸟之王，雄的叫"凤"，雌的叫"凰"，总称为凤凰，亦称为丹鸟、火鸟、鹍（kūn）鸡、威凤等。凤凰常用来象征祥瑞，如"凤凰齐飞"是吉祥和谐的象征，又如"凤穿牡丹""丹凤朝阳"等题材十分常见，自古就是中国文化的重要元素。自秦汉以后，龙逐渐成为帝王的象征，帝后妃嫔们开始称凤比凤，凤凰的形象逐渐雌雄难辨（图2-1、图2-2）。

图2-1　龙凤纹床品

图2-2　凤纹床品

（2）虎纹。虎纹在汉族纺织品图案中也非常具有代表性（图2-3、图2-4），特别是在民间工艺品中应用得很普遍，其造型威严但不恐怖，在儿童围嘴、服饰、鞋帽等服饰用品中的应用充分表现了小孩的顽皮可爱，此外还有布艺老虎枕、布艺老虎摆件等，都是劳动人民智慧的结晶。除了龙、凤、虎等代表性纹样外，汉族纺织品图案还习惯使用植物花卉纹样、动物纹样、人物纹样、寓意纹样等。

图2-3　虎纹床品

图2-4　虎纹家纺

（3）植物花卉纹样。在植物花卉纹样方面，汉族纺织品纹样中常见的有梅花、兰花、翠竹、菊花，明代黄凤池辑有《梅竹兰菊四谱》，从此梅、兰、竹、菊被称为"四君子"。画家用"四君子"来寓意君子的清高品德。《集雅蔡梅竹兰菊四谱小引》有言："文房清供，独取梅、竹、兰、菊四君者无他，则以其幽芳逸致，偏能涤人之秽肠而澄莹其神骨。"四君子并非浪得虚名，确实各有特色：梅花剪雪裁冰，一身傲骨；兰花空谷幽香，孤芳自赏；翠竹筛风弄月，潇洒一生；菊花凌霜自行，不趋炎势；对梅兰竹菊的诗一般的感受，是以深厚的民族文化精神为背景的，梅、兰、竹、菊，占尽春、夏、秋、冬，正表现了文人对时间秩序和生命意义的感悟，而成为人格的象征和隐喻，将有限的内在精神品性，升华为永恒无限之美（图2-5）。

牡丹、莲花、百合花、海棠等也很常见。五代时期，牡丹被赋予"富贵"品格，大画家徐熙作有《玉堂富贵图》。宋代周敦颐说："牡丹，花之富贵者也。"盛开的牡丹组图寓意富贵吉祥、繁荣昌盛、幸福美满（图2-6）。莲花是我国传统花卉，《尔雅》中有"荷，芙渠……其实莲"的记载，古名芙渠或芙蓉，现称荷花，春秋战国时曾用作饰纹，自佛教传入我国，便以莲花作为佛教标志，代表"净土"，象征"纯洁"，寓意"吉祥"，莲花因此在佛教艺术中成了主要装饰题材。玉兰花和海棠简称"玉棠"，与"玉堂"同音双关，牡丹与玉兰花、海棠组图，寓意荣华富贵、金玉满堂。

此外，常见的植物花卉纹样还有灵芝、石榴、葡萄等，因为灵芝象形如意，取其吉祥如意之意，而石榴和葡萄籽多，取其多子多福之意。除了具象的自然界植物花卉图案外，劳动人民还创造了代表美好愿景的宝相花、吉祥草等图案。

图2-5　竹纹床品

图2-6　牡丹纹床品

（4）人物图案纹样。在人物图案纹样方面，汉族纺织品图案中比较常见的有八仙图、和合二仙图、钟馗降魔图、童子送财图、麻姑献寿图、观音降福图，还有《白蛇传》《西厢记》《刘海戏蟾》等神话传说构成的纹样。

（5）动物纹样。在动物纹样方面，常见的有蝴蝶、猫、喜鹊、仙鹤、神龟、蝙蝠等，猫蝶组图谐音耄耋，代表对长寿的期望；喜鹊与梅花结合，意味喜上眉梢（图2-7）；仙鹤和神龟代表龟鹤延年，也是对长寿的祝福；而蝙蝠则与"福"谐音，表达人们对幸福富裕生活的向往和期盼。

（6）其他纹样。汉族纺织品图案还独创了太极八卦图、盘长图、方胜图、旋涡纹、如意纹、聚宝盆、摇钱树等代表吉祥寓意的纹样。除了龙凤纹样外，古代先民还创造出貔貅、麒麟等神兽神鸟。貔貅别称"辟邪、天禄"，是中国古书记载和汉族民间神话传说中的一种凶猛的瑞兽。貔貅有嘴无肛，能吞万物而不泄，只进不出、神通特异，故有招财进宝、吸纳四方之财的寓意，同时也有赶走邪气、带来好运的作用，为古代五大瑞兽之一，称为招财神兽。麒麟送子纹是古代吉祥图案。唐代杜甫《杜子部草堂诗笺·徐卿二子歌》："孔子释氏亲抱送，并是天上麒麟儿。"故民间有"麒麟送子"的传说。纹样有天真的儿童骑麒麟背上，有的手持石榴或莲花，身着"命服"；有手托"笙"或如意的，形象都聪明伶俐（图2-8）。

图2-7 喜上眉梢纹样床品

图2-8 麒麟送子纹床品

2. 壮族纺织品图案

壮族是中国少数民族中人口最多的民族，主要聚居在广西壮族自治区、云南省文山壮族苗族自治州，少数分布在广东、湖南、贵州、四川、云南等省。壮族是一个具有悠久历史和灿烂文化的民族。在古代壮族被称为俚族、僚族、俍族和土族，从宋代起，才改称为僮，又改称为壮。

壮族纺织品主要有蓝、黑、棕三种颜色。壮族妇女有植棉纺纱的习惯，纺纱、织布、染布是一项家庭手工业。用自种自纺的棉纱织出来的布称为"家机"，"家机"精厚、质实、耐磨，可染成蓝、黑或棕色。其中，用大青（一种草本植物）可染成蓝或青色布，用鱼塘深可染成黑布，用薯莨可染成棕色布。

壮锦是壮族享有盛名的纺织工艺品。它用棉纱和五色丝绒织成，花纹图案别致，结实耐用。据传约起源于宋代，以棉、麻线作地经、地纬平纹交织，用于制作衣裙、巾被、背包、台布等。壮锦主要产于广西靖西、忻城、宾阳等县。传统沿用的纹样主要有二龙戏珠、回纹、水纹、云纹、花卉、动物等20多种，又出现了"桂林山水""民族大团结"等80多种新图案，富有民族风格。壮锦又称"僮锦""绒花被"，较厚实。被誉为中国四大名锦之一的壮锦是广西民族文化瑰宝，这种利用棉线或丝线编织而成的精美工艺品，图案生动，结构严谨，色彩斑斓，充满热烈、开朗的民族格调，体现了壮族人民对美好生活的追求与向往。壮锦是在装有支撑系统、传动装置、分综装置和提花装置的手工织机上，以棉纱为经，以各种彩色丝绒为纬，采用通经断纬的方法巧妙交织而成的艺术品（图2-9、图2-10）。

图2-9　壮锦纹样

图2-10　壮锦制作

壮锦的生产远在一千多年前的唐、宋时代就已有记载。到了清代，壮锦生产已遍及壮族地区，成为壮族人民的被服所需和市场的畅销品。中华人民共和国成立后，壮锦得到新的发展，花纹图案不断创新，应用范围也越来越广，如壁挂、台布、坐垫、沙发布、窗帘等。现在广西靖西、宾阳等地生产的壮锦，行销国内外。

历经一千多年的发展，以壮锦艺术为典型代表的广西民族织锦艺术已成为我国传统民间艺术的重要组成部分。在壮族人民长期的劳动实践中，产生了丰富而精彩的壮锦纹样，强烈地反映了他们对生活、大自然和民族文化的热爱和崇敬，渗透着民族文化的乐观精神，凝聚着人们的美好向往，表达出真诚的情感，在满足生活基本需要的同时，把物质的实用功能与精神需求紧密结合，成为承载民族文化记忆的活化石。壮锦是壮族的优秀文化遗产之一，它不仅可为我国少数民族纺织技艺的研究提供生动的实物材料，还可以为中国乃至世界的纺织史增添活态的例证，对继承和弘扬民族文化，增强民族自信起到积极的作用。然而，由于历史和现实等多方面的原因，壮锦面临着严峻的传承危机，急需抢救和保护。

3. 维吾尔族纺织品图案

在漫长的历史发展过程中，维吾尔族人民用勤劳和智慧创造了优秀的文化，有着独特的民族风情。维吾尔族传统纺织品极富特色，就传统服饰而言，男子穿"袷袢"长袍，右衽斜领，无纽扣，用长方丝巾或布巾扎束腰间；农村妇女多在宽袖连衣裙外面套对襟背心；城市妇女现在已多穿西装上衣和裙子；维吾尔族男女都喜欢穿皮鞋和皮靴，皮靴外加胶质套鞋；男女老少都戴四楞小花帽，维吾尔族花帽上有用黑白两色或彩色丝线绣成的民族风格图案，有些还缀有彩色珠片；妇女常以耳环、手镯、项链为装饰品，有时还染指甲，以两眉相连形式画眉；维吾尔族姑娘以长发为美，婚前梳十几条细发辫，婚后一般改梳两条长辫，辫梢散开，头上别新月形梳子作为饰品，也有人将发辫盘系成发结。地毯、花帽、艾德莱斯绸、民间印花布和英吉沙小刀等是维吾尔族最负盛名的传统工艺制品。

花帽是维吾尔族服饰的组成部分，也是维吾尔族美丽的标志之一。早在唐代，西域男性多戴卷檐尖顶毡帽，款似当今的"四片瓦"。到了明代，因受阿拉伯和中亚文化的影响，维吾尔族男子削发戴小罩刺绣花帽。清代初期，维吾尔族花帽在用料和款式方面，有了新的发展。冬用皮，夏用绫，前插禽羽。女帽皆用金银线绣花点缀与装饰，喀什的四楞花帽脱颖而出几乎成了维吾尔族花帽的主流而延续至今。经过各地维吾尔族人民的不断创新，花帽做工愈益精细，品种更为繁多，但主要还是有"奇侬曼"和"巴旦姆"两种，统称"尕巴"（四楞小花帽）。总体来说，维吾尔族纺织品形式清晰，纹饰多样，色彩鲜艳，图案古朴，工艺精湛（图2-11）。

图2-11　清代维吾尔族高跟鞋

4. 苗族纺织品图案

苗族历史悠久，在中国古代典籍中，早就有关于五千多年前苗族先民的记载，根据史籍记载和传说，苗族先民在殷周时代已在今湖北清江流域和湖南洞庭湖一带生息。

贵州、湖南地区的苗族服饰不少于200种，是世界上苗族服饰种类最多、保存最好的区域，被称为"苗族服饰博物馆"。苗族服饰从总体来看，保持着中国民间的织、绣、挑、染的传统工艺技法，往往在运用一种主要工艺手法的同时，穿插使用其他的工艺手法，或者挑中带绣，或者染中带绣，或者织绣结合，从而使这些服饰图案花团锦簇、溢彩流光，显示出鲜明的民族艺术特色（图2-12、图2-13）。

图2-12 苗族绣片

图2-13 苗族服饰

从图案内容上看，纺织品纹样大多取材于日常生活中各种活生生的物象，有表意和识别族类、支系及语言的重要作用，这些形象记录被专家学者称为"穿在身上的史诗"。以苗族服饰为例，从造型上看，采用中国传统的线描式或近乎线描式的，以单线为纹样轮廓的造型手法。从制作技艺上看，服饰发展史上的五种形制，即编制型、织制型、缝制型、拼合型和剪裁型，在黔东南苗族服饰中均有范例，历史层级关系清晰，堪称服饰制作史陈列馆。从用色上看，苗族善于选用多种强烈的对比色彩，努力追求颜色的浓郁和厚重的艳丽感，一般均为红、黑、白、黄、蓝五种。从构图上看，它并不强调突出主题，只注重适应服装整体感的要求。从形式上看，分为盛装和便装。盛装，为节日礼宾和婚嫁时穿着的服装，繁复华丽，集中体现苗族服饰的艺术水平。便装样式比盛装样式素净、简洁，用料少，费工少，供日常穿着之用。除盛装与便装之分外，苗族服饰还有年龄和地区的差别。

5. 藏族纺织品图案

藏族是中国的少数民族之一，主要聚居在西藏自治区及青海海北、海南、黄南、果洛、玉树等地和海西蒙古族藏族自治州，海东地区。藏族人喜爱白色，这与他们的生活环境、风俗习惯有着密切的关系。天祝草原四周雪山环绕，一片银白，地上的羊群和牦牛，以及喝的羊奶、穿的皮袄、戴的毡帽，也都是白色。所以藏族人民视白色为理想、吉祥、胜利和昌盛的象征。

藏族纺织品多姿多彩，其纺织品纹样有的雄健豪放，有的典雅潇洒，尤以珠宝金玉作为配饰，形成高原特有的风格。以藏族服饰为例，无论男装还是女装，至今都保留得非常完整。不同的地域，有着不同的服饰，但特点均为长袖、宽腰、大襟。妇女冬穿长袖长袍，夏着无袖长袍，内穿各种颜色与花纹的衬衣，腰前系一块彩色花纹的围裙。藏族同胞特别重视"哈达"，把它看作最珍贵的礼物。"哈达"是雪白的织品，一般宽约二三十厘米、长约一至两米，用纱或丝绸织成，每有喜庆之事，或远客来临，或拜会尊长，或远行送别，都要献哈达以示敬意。

藏袍是藏族的主要服装款式，种类很多，从衣服质地上可分锦缎、皮面、氆氇、素布等，藏袍花纹装饰很讲究，过去僧官不同品级要严格区分纹饰。藏袍较长，一般都比身高还长，穿时要把下部上提，下摆离脚面有三四十厘米高，再扎上腰带。藏袍可分牧区皮袍、色袖袍，农区为氆氇袍，式样可分长袖皮袍、工布宽肩无袖袍、无袖女长袍和加珞花领氆氇袍。男女穿的衬衫有大襟和对襟两种，男衬衫高领女衬衫多翻领，女衬衫的袖子要比其他衣袖长四十厘米左右。跳舞时放下袖子，袖子在空中翩翩起舞，姿态优雅。帮典即围裙，是藏族特有的装束，是已婚妇女必备的装饰品，帮典颜色，或艳丽强烈，或素雅娴静。藏帽式样繁多，质地不一，有金花帽、氆氇帽等一二十种。藏靴是藏族服饰的重要特征之一，常见的有"松巴拉木"花靴，靴底是棉线皮革做的。配饰在藏族服装中占有重要位置，其中腰饰、头饰最有特色，饰品多与古代生产生活有关。讲究的还镶以金银珠宝，头饰的质地有铜、银、金质雕镂器物和玉、珊瑚、珍珠等珍宝（图2-14）。

图2-14 现代藏袍

6. 彝族纺织品图案

彝族是我国少数民族中人口较多的民族，全国彝族人口776万多人，主要分布于云南、四川、贵州、广西、四川等省（自治区）内。彝族纺织品种类繁多，色彩纷呈，是彝族传统文化和审美意识的具体体现。在漫长的历史发展过程中，生活在不同地区的彝族人民，创造和形成了各自不同的纺织品，在彝族物质民俗构成中占有重要地位。

根据彝族纺织品民俗的地域、支系表现，可将彝族纺织品划分为凉山、乌蒙山、红河、滇东南、滇西、楚雄六种类型，各种类型又可分为若干式样。例如，凉山彝族传统纺织品以自织自染的毛、麻织品为主，喜用黑、红、黄等色，其工艺可用挑、绣、镶、绲等多种技法，火镰、羊角、蕨芨草等图案是其传统纹样，下分依诺、圣乍、所底三个样式。而乌蒙山彝族纺织品过去以毛、麻织品为主，现多用布料，多为青、蓝色，女服盘肩，领口、襟边、裙沿有花饰。滇东南彝族纺织品多以白、蓝、黑为底色，多饰动植物花纹和几何图案，工艺有刺绣、镶补、蜡染等多种技法（图2-15）。

图2-15　彝族服饰

中国是一个多民族融合的国家，无论是汉族还是少数民族，都以各自的聪明智慧创造出大量独具民族特色的纹样，为今天的纺织品图案设计提供了大量素材，在提取和应用过程中，要保留其原有风韵，赋予其现代时尚美感，力争将民族文化、民族特色、民族风格完美地融入现代家用纺织品设计中。

二、外国民族图案

1. 印度民族图案

众所周知，印度是佛教的发源地，因此其装饰图案主题多以佛教故事、佛教传说为主。菩提树（觉悟）、法轮（说法）、佛足迹（巡游）、宝座（降魔）、伞盖（佛陀）、印度式塔等都是印度人民图案创作的灵感来源。例如，白海螺图案，据佛经记载："释迦牟尼说法时声震四方，如海螺之音。"所以现在举行法会的时候常吹鸣海螺。在中国西藏，以右旋白海螺最受尊崇，被视为名声远扬三千世界的象征，也象征着达摩回荡不息的声音。宝伞图案是古印度时期，贵族、皇室成员出行时用来遮蔽太阳的伞，后来逐渐演化为仪仗器具，寓意为至上权威。佛教用宝伞象征遮蔽魔障，守护佛法。吉祥结图案是利用吉祥结较为原初的意义象征爱情和献身，按佛教的解释吉祥结还象征着如若跟随佛陀，就有从生存的海洋中打捞起智慧珍珠和觉悟珍宝的能力。胜利幢图案是古印度时的一种军旗，佛教用幢寓意烦恼孽根得以解脱，觉悟得正果。莲花图案表现莲花出淤泥而不染，至清至纯。此外还有金鱼图案，鱼行水中，畅通无碍，佛教以其喻示超越世间、自由豁达、获得解脱的修行者。上述均为印度比较有代表性的民族图案（图2-16）。

图2-16 印度民族图案

2. 波斯民族图案

波斯，是古代伊朗的名称，在古塞姆语中具有"骑士"或"马夫"之意。后来古希腊人将这里的骑马民族称为"波斯人"，把这一区域称"波斯"。直到1935年巴列维王朝时代，伊朗政府正式将"波斯"更名为带有"富贵"之意的"伊朗"。因此波斯的历史，实际上就是伊朗的古代历史。伊朗民族众多，波斯人只是伊朗人中的一个部落。由于其处在连接东西方文明和南北方不同民族的交通要地，所以商业发达，古丝绸之路就经过这里。波斯先是受地中海沿岸的古希腊文化的影响，后又受西方文化的影响，再加上亚洲东方灿烂文化的交替洗礼，产生了艺术的融合体——波斯文化。因此波斯文化既保留了本民族的特色，又吸收了中国、古印度、古埃及、古希腊等地的优点，成为世界艺术史上的一件瑰宝。

古波斯图案的形式丰富多样，尤以细致严谨著称。其中以波斯地毯、细密画最为出名。波斯地毯的图案和我国北京式图案一样，已形成独特的风格，举世闻名。无论是传统的，还是新设计的现代地毯图案，主要元素均来自中东地区人民的生活环境、风俗习惯。设计师们在古老图案的基础上，增加新颖美观的图案。中东人信仰伊斯兰教，地毯图案多取材于漂亮的清真寺的瓷砖、宫殿的石雕、自然景色、鸟兽、花草树木等。

波斯地毯图案可分为两大类：一类是直线条几何图案，一类是风景、花卉、动物图案。直线条几何图案地毯的所有装饰纹样都是由垂直线、水平线和对角斜线组成，重复形成中心花纹。该类地毯大部分是在游牧部落和远离城镇的村庄编织而成，所以纹样比较原始。风景、花卉、动物纹样也叫曲线写实图案，据国外有关东方地毯的书籍记载，这一类地毯图案是在16世纪初才在波斯地毯中出现，并成为流行图案流传到今天。在这类地毯中，有许多花纹是从中国传去的，因此也有人认为这类地毯起源于中国，只是在波斯设计师的手中，经过精心的修改并加进了波斯的色彩，从而成为具有中东风格的图案。在波斯地毯图案中，至今仍然保留着许多与中国地毯图案完全相同的花纹（图2-17）。

波斯地毯的一大特色是其染料从天然植物和矿石中提取，染色经久不褪不变。位于德黑兰市中心的地毯博物馆，1978年3月建成开馆，展厅陈列着几百幅各个时期所编的地毯，多用纯羊毛、棉丝或棉线织成，图案优美、工艺精湛，地毯的图案多取材于阿拉伯人喜欢的玫瑰花、郁金香和波斯梨花等花卉。不少地毯都已有一二百年历史，至今仍色泽鲜艳，光彩灼灼。

图2-17　波斯地毯

3. 墨西哥民族图案

墨西哥民族图案是美洲图案的代表，带有浓郁的神秘主义色彩，在造型设计和装饰纹样中追求丰富多变的艺术效果。对人物形象、动物形象和其他自然形态进行大胆的夸张化表现和抽象化的处理，是古代美洲图案最突出的特点。美洲图案造型神秘、怪诞，构图繁复、密集；图案内容有大鳄鱼、美洲虎、热带植物等；图案色彩多用红、黄、黑、绿等（图2-18）。

4. 阿拉伯民族图案

阿拉伯民族图案以各种植物和抽象曲线互相盘绕构成基本图案。阿拉伯风格是

图2-18　墨西哥图案

从希腊时期在小亚细亚工作的手工艺人的作品中演变出来的，这种图案最初有高度写实的飞禽。穆斯林的手工艺人大约在公元1000年修改了这种图案，使之高度形式化，出于某些原因，已不再包括禽鸟、野兽或人的形象。

在欧洲，从文艺复兴直到19世纪初，阿拉伯风格被用于装饰手稿、墙壁、家具、金属制品和陶器。通常这些图案由树枝和树叶交织或弯曲成卷轴形，或由仿照自然结构中的华美线条组成。人物形象在西方的阿拉伯风格图案中是整体不可缺少的一部分。到

15世纪中期，出现了阿拉伯风格砌石工程，在16世纪，梵蒂冈的长廊或凉廊就装饰有阿拉伯风格的绘画。意大利北方以及后来西班牙精致的银制品，也都采用了这种主题的花纹。文艺复兴时期的阿拉伯风格保留中线对称、细节自由和修饰多样化的古典传统，在富于想象力或幻想的场面中包含范围广泛的成分，如人、兽、鸟、鱼及花卉，而且通常有藤、带或类似的交织图案。由于巴洛克式建筑的出现，阿拉伯风格的装饰失去了吸引力。当古罗马的阿拉伯风格图案在18世纪中期被发现后，法国又兴起了对这种图案的热情，诞生了不少杰作。但在法国大革命后的督政府和帝国装饰的影响下，这种风格又逐渐消失（图2-19）。

图2-19 阿拉伯风格窗帘

第二节 古典风格图案

一、佩兹利图案

佩兹利图案是一种有着悠久历史、深受人们喜爱的传统染织图案。据考察，佩兹利图案起源于南亚次大陆北部克什米尔地区，至今已有几百年的历史，在其长期发展演变过程中形成了一种独特的造型：长长的椭圆形与微微卷起的细尖尾部，整体造型具有流畅的曲线美，基本形内填充着风格各异的花草纹与几何纹。不同时代、不同地域的佩兹利图案总是能在保持其基本意蕴不变的条件下，变化不同的表现形式，造型或严谨而致密，或纤细而弯长，其柔曲灵动的造型始终能产生舒适优雅的视觉美感，因而形成一种经久不衰的染织花型图案，被广泛地用于披肩、服饰以及家用纺织品面料等各个领域。

佩兹利图案是一个连接东西方文化，在染织美术设计领域中长盛不衰的传统装饰图案。佩兹利图案是特殊的，它诞生于古老的亚洲山区，却以英国纺织小镇佩兹利来命名；它是中亚地区传统的装饰图案，却被欧洲人赋予了时尚的特质。在它身上，既存在着东西方文化的差异，又体现着这两种文化的交流与融合；既有着严谨的美的规律性，又充满了自由灵动的生命力。

在使用它的民族或地区中，人们所赋予它的含义也不尽相同，从中亚及我国新疆地区传统的"巴旦姆"纹样，到我国江浙一带设计师口中的"火腿纹"，从日本的"勾玉纹"到非洲的"芒果纹"再到欧洲的"佩兹利涡旋纹"（参见《染织服装与设计》，第176页），人们以不同的方式诠释着他们心目中的纹样，使它具有了浓郁的民族风情，华丽抑或朴素的装饰风格，崇高抑或平安的装饰氛围，并且在这种种的称呼及形象背后，它总会给人们带来殊途同源的似曾相识之感。佩兹利图案，这种外形酷似一个大逗号或者填充花边的泪滴形图案别具特色（图2-20、图2-21）。

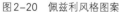

图2-20　佩兹利风格图案

图2-21　佩兹利图案

二、莫里斯图案

19世纪中叶的英国工业革命时期，以威廉·莫里斯（William Morris）为代表的"新艺术运动"应运而生，他曾在《艺术和社会主义》中提道："人类的手艺，只有在人的灵魂导引下，人的手才能创造出美和秩序，而现在的机械对我们并没有起到改造灵魂之作用。"莫里斯以独特的哲学思想和设计理念创作的设计作品被誉为"古典时代的最后一抹余晖"，最具代表性的是棉印织物品，也因此形成了莫里斯图案。这种图案最大的特点在于内容取材自然，藤蔓、花朵、叶子与鸟是最常见的图形，对称的骨格、舒展柔美的叶子、饱满华美的花朵、灵动的小鸟、密集的构图和雅致的配色造就了别具风韵的莫里斯图案（图2-22）。

三、朱伊图案

朱伊图案是法国注册图案，法语名为："la Toile de Jouy"，源于18世纪晚期，在原色面布上进行铜版或木板印染，其特点一是以风景为母题的人与自然的情景描绘，二是以椭圆形、菱形、多边形、圆形构成各自区域性的中心，然后在区划之内配置人物、动物、神话等具有古典主义风格和浮雕效果感的规则性散点排列形式的图案。前者随意穿插，依势而就；后者严谨凝重，排列有序。图案层次分明，具有单色相的明度变化（蓝、红、绿、米色最为常用），印制在本色棉、麻布上，古朴而浪漫（图2-23）。

图2-22 莫里斯风格家纺

图2-23 朱伊图案壁纸

四、纹章纹样

纹章（Coat of Arms），指一种按照特定规则构成的彩色标志，是专属于某一个人、家族或团体的识别物。在欧洲中古时代就已有纹章体系，亦称盾章，诞生于12世纪的战场上，主要是为了可以从远处识别因身上穿戴的锁子甲风帽（直到下颌）和头盔护鼻遮住了面部而变得难以辨认的骑士们。当时欧洲最大的盔甲产地是米兰和哥特，作为骑士在混战中以及在早期比武时互相辨认的符号，纹章得以流行和发展。为了从远处容易辨认，他们大多采用对比强烈的纯色，以及十分明显的单线条勾勒图案，这些图案通常呈几何、动物或花草形状，而为了显示主君在战场上的位置，不同的图案还代表纹章使用者的身份，而认为纹章是贵族专利的普遍观点就源自于此。从13世纪起，无论是贵族还是平民，只要遵守纹章术的规则，任何人都可以拥有和使用纹章。如今，它成为用以识别、使用和展示个人、军队、机关团体和公司企业的世袭或继承性标记的科学和艺术。纹章的设计、授予、展示、描述和记录的专门学问，被称为纹章学（Heraldry）。纹章官（officers of arms）们负责上述活动并且掌管纹章的定级与授予礼仪。

　　法国纹章学中较为重要的是色彩的运用。色彩在法国纹章学中的运用严格限制在六种以内，它们是红色、紫红色、天蓝色、绿色、黑色，以及黄色。此外，少数纹章也有使用紫色的，但因为紫色的使用十分罕见，因而无法成为真正意义上的法国纹章学色彩之一。

　　按照纹章制作的规则和习惯，其由图案和色彩两部分组成，它们位于周边限定的盾形框线内。盾形并非必须遵守的形状，只不过是最为常见而已。事实上，常见的还有圆形、椭圆形、方形、菱形（15世纪起在女性纹章中较为常见）等。同时以旗帜、马甲和衣物等作为支撑物构成纹章框架的情况也很多。而色彩和图案的运用和组合则并非任意的，它们服从一些组合规则。纹章学中最重要的规则就是色彩的运用。纹章学把六种色彩分为两组：第一组为白色和黄色；第二组为红、黑、蓝、绿。色彩运用的基本原则是禁止将属于同一组的色彩并列或叠加运用，这似乎也是从纹章起源时出于可见性和易辨性而规定的，千百年来也被人们自觉遵守（图2-24）。

图2-24　纹章纹样

五、巴洛克图案

巴洛克（Baroque），是一种代表欧洲文化的典型艺术风格。这个词最早来源于葡萄牙语（Barroco），意为"不圆的珍珠"，最初特指形状怪异的珍珠。而在意大利语（Barocco）中有"奇特、古怪、变形"等解释。在法语中，"Baroque"又成为形容词，有"俗丽凌乱"之意。欧洲人最初用这个词表示"缺乏古典主义均衡性的作品"，其原本是18世纪崇尚古典艺术的人们对17世纪不同于文艺复兴风格的一个带贬义的称呼。而现在，这个词已不再有贬义，仅指17世纪风行于欧洲的一种艺术风格（图2-25、图2-26）。

图2-25 巴洛克风格地毯　　　　　　　图2-26 巴洛克风格窗帘

作为一种艺术形式的称谓，它是16世纪下半叶在意大利发起的，17世纪在欧洲普遍盛行，是背离了文艺复兴艺术精神的一种艺术形式。古典主义者认为巴洛克是一种堕落瓦解的艺术，只是到了后来，才对巴洛克艺术有了一个较为公正的评价。巴洛克风格以浪漫主义精神作为形式设计的出发点，以反古典主义的严肃、拘谨、偏重于理性的形式，赋予了更为亲切和柔性的效果。巴洛克风格虽然脱胎于文艺复兴时期的艺术形成，但却有其独特的风格特点。它摒弃了古典主义造型艺术上的刚劲、挺拔、肃穆、古板的遗风，追求宏伟、生动、热情、奔放的艺术效果。巴洛克风格是充满阳刚之气的，是汹涌狂烈和坚实的。其多表现于奢华、夸张和不规则的排列形式，大多应用于皇室宫廷的范围内，如皇室家具、服饰和皇室餐具器皿、音乐等。

概括地讲，巴洛克艺术有如下的一些特点：第一，它具有豪华的特色，既有宗教色彩又有享乐主义的色彩；第二，它是一种激情的艺术，它打破理性的宁静和谐，具有浓郁的浪漫主义色彩，非常强调艺术家的丰富想象力；第三，它极力强调运动，运动与变化可以说是巴洛克艺术的灵魂；第四，它很关注作品的空间感和立体感；第五是它的综合性，巴洛克艺术强调艺术形式的综合手段，如在建筑上重视建筑与雕刻、绘画的综合，此外，巴洛克艺术也吸收了文学、戏剧、音乐等领域里的一些因素和想象；第六，它有着浓重的宗教色彩，宗教题材在巴洛克艺术中占有主导的地位；第七，大多数巴洛克的艺术家有远离生活和时代的倾向，如在一些天顶画中，人的形象变得微不足道，如同一些花纹。

六、洛可可图案

洛可可为法语"rococo"的音译，此词源于法语"ro-caille"（贝壳工艺）。意思是此风格以岩石和蚌壳装饰为特色，是由巴洛克风格延伸出来的、运用多个S线组合的一种华丽雕琢、纤巧烦琐的艺术样式（图2-27）。洛可可艺术风格的倡导者是蓬帕杜夫人（1721—1764），她不仅参与军事外交事务，还以文化"保护人"的身份，左右着当时的艺术风格。蓬帕杜夫人（Madame de Pompadour）原名让娜·安托瓦内特·普瓦松，出生于巴黎的一个金融投资商家庭，后被封为侯爵夫人。在蓬帕杜夫人的倡导下，洛可可艺术风格风行欧洲，这一有盛世气象的雕刻风格，被18世纪这位贵妇的纤纤细手摩挲得分外柔美媚人。

18世纪法国艺术是洛可可的天下，而且已经成为欧洲近代文明中心的法国宫廷，把这种靡丽之风传出国界，甚至传到了中国的圆明园。洛可可风格是宫廷艺术，这种风格是由于当时一些不严格遵循法国古典主义法则的因素而产生的，它并不是意大利巴洛克风格的必然后果，其遵循理论是"师法自然"。人们都在谈论"师法自然"，但是，我们从现代角度去看，他们所谓的对自然的模仿只是让自然服从于社会的心血来潮，而这个社会并未完全做好使人真正感受到生活在自然之中，并且充满着对生活的神秘醉意的准备。这时的艺术家们对贵族俯首帖耳，同时贵族阶级又要求他们唯命是从。法国人的这一发明使教会中心真正转向沙龙中心，而这时的沙龙已与过去不同，各种绘画展览都被称为"沙龙"。

我们从现代的角度审视18世纪的洛可可艺术，应该说蓬帕杜夫人是那些喜欢豪华风格者的代表人和组织者，有"众望所归"的特征，所以才有洛可可风格作品出现后在

图2-27 洛可可风格窗帘

贵族中引起"共鸣"的时尚。也可以说，贵族们崇尚华丽的风气，诱发了洛可可艺术。当时上层社会的男男女女无不热心并亲自参加工艺活动，以至于有的举动达到令人讥笑和荒诞不经的地步。洛可可风格的璀璨之处，自有它超时代艺术生命力所在，现代人公认它是19世纪下叶新艺术运动的前奏。而那些幸存的艺术精品，至今还散发着光芒，向人们述说着那个岁月的时尚和不为人知的故事。

第三节 卡通风格图案

卡通，是英语"cartoon"的汉语音译。卡通作为一种艺术形式最早起源于欧洲。对于这个词的词源，有两种不同说法：其一是说它来自法语中的"carton"（图画）；其二是说它源自意大利语中的"cartone"（纸板）。从卡通的词源上，我们就能够确切地获知，卡通作为一种艺术形式最早起源于欧洲。现在英语里还能找到这个词，"carton"

跟"cartoon"只差一个"o"，后者是卡通的意思，前者是硬纸壳的意思。卡通要求夸张与变形，线条流畅，所包含的形式要比通常意义上的漫画还要广泛，强调讽刺、机智和幽默，可附加或无须文字说明。

在卡通风格的影响下，一些标志开始采用可爱、另类的卡通人物、动物、植物等形象作为其企业的形象代言，这种标志在一定范围和人群内的流行也反映了标志设计日益贴近艺术的趋势。卡通手法表现形式在标志设计领域的应用已经形成一种全新的设计风格，涉足多个领域，如在奥运会、世界杯等大型活动中出现的吉祥物形象。在整个20世纪初，卡通漫画始终在寻找与美国文化的交汇点。在这个过程中，产生了许多优秀的作品和令人难忘的卡通形象。不过，直到20世纪30年代初，美国卡通漫画的黄金时代才真正来临。

如今在一些行业知名的儿童家纺品牌店内，那些带有海绵宝宝、喜羊羊与灰太狼、白雪公主、米老鼠、维尼熊图案的卡通床品很受孩子们的喜爱，也吸引了不少大人的眼球，但这些床品大都是1米和1.2米规格的，无法满足成人的消费需求。因此一些品牌家纺企业就做了新的尝试，将卡通元素用在了成人家纺上，并取得了比较成功的效果。

某著名品牌家纺企业几年前开始推出的"猫和老鼠"系列床品就是开拓成人卡通家纺市场的一例。在其电子商务官方旗舰店内看到，这个系列的床品确实十分有趣。据了解，这个系列是多喜爱家纺与国际知名企业华纳合作的产物。其推出的玩转夏天、小小画家、在海边、夏威夷女孩、清凉夏威夷、欢乐鼓手等床品套件都是以《猫和老鼠》中的故事情节为原型，将猫鼠游戏的各种逗趣画面通过设计师之手生动形象地展现出来。对产品发展渠道过于狭窄的品牌家纺企业来说，将儿童家纺的卡通设计元素运用到成人床品的设计中，生产出满足成人消费需求的卡通床品，将有利于企业抢占更多的消费市场，挖掘更多人的消费潜力，也能使企业的发展渠道得到多方位的延伸（图2-28~图2-31）。

图2-28 卡通床品

图2-29　卡通窗帘

图2-30　卡通桌布

图2-31　卡通抱枕

第四节　现代风格图案

一、波普风格图案

现代风格图案以波普风格为代表，波普风格又称流行风格，它代表着20世纪60年代工业设计追求形式上的异化及娱乐化的表现主义倾向。从设计上来说，波普风格并不是一种单纯的一致性的风格，而是多种风格的混合。

波普风格追求大众化的、通俗的趣味，反对现代主义自命不凡的清高。在设计中强调新奇与奇特，并大胆采用艳俗的色彩，给人眼前一亮、耳目一新的感觉。"波普"是一场广泛的艺术运动，反映了"二战"后成长起来的青年一代的社会与文化价值观，力图表现自我、追求标新立异的心理。追求新颖、古怪、稀奇，"波普"设计风格的特征变化无常，难以确定统一的风格，可以说是具有形形色色、各种各样的折中主义的特点，它被认为是一种形式主义的设计风格。

波普风格的中心在英国。早在"二战"后初期，伦敦当代艺术学院的一些理论家就开始分析大众文化，这种文化强调消费品的象征意义而不是其形式上和美学上的质量。这些理论家认为，"优良设计"之类的概念不应该太注重自我意识，而应根据消费者的爱好和趣味进行设计，以符合流行的象征性要求。他们的文化定义是"生活方式的总和"，并把这一概念应用到了批量生产物品的设计中。在寻求具有高度象征意义产品的过程中，他们将目光转向了美国，对20世纪50年代美国商业性设计，特别是汽车设计中体现出来的权利、性别、速度等象征性特征大力推崇。到20世纪60年代初，一些英国企业和设计师开始对公众的需求直接做出反应，生产了一些与新兴的大众价值观相呼应的消费产品，以探索设计中的象征性与趣味性，并开拓年轻人市场。这些产品专注于形式的表现和纯粹的表面装饰，一些类似于功能合理的生产的现代主义观念被冷落了。波普设计十分强调灵活性与消费性，而产品的寿命应该是短暂的，以适应多变的社会文化条件，就像此起彼伏、不断变化的流行歌曲一样。

波普风格是一种流行风格，它以一种艺术表现形式在20世纪50年代中期诞生于英国，又称"新写实主义"和"新达达主义"，它反对一切虚无主义思想，通过塑造那些夸张的、视觉感强的、比现实生活更典型的形象来表达一种实实在在的写实主义。波普艺术最主要的表现形式就是图形（图2-32）。

1964年英国设计师穆多会（Peter Murdoch）设计了一种"用后即弃"的儿童椅，它是用纸板折叠而成的，表面饰以图案，十分新奇。与此同时，纸制的耳环手镯甚至纸制的衣服都风行一时。克拉克（Paul Clark）在同一年设计了一系列一时性的波普消费品，包括钟、杯盘、手套及小饰物等。克拉克将英国的米字旗图案用到了所有的产品之上，而不管其功能如何，设计的重点是表面图案，并强调暂时感和

图2-32　波普插画

幽默感，这一系列产品在20世纪60年代中期成了伦敦摇滚乐队的标志，并在一些商店里出售。

到20世纪60年代末期，英国波普设计走向了形式主义的极端，如琼斯（Allen Jones）在1969年设计了一张桌子，它由一个仿真人体塑像作为支撑物。波普风格主要体现在与年轻人有关的生活用品等方面，如古怪家具、迷你裙、流行音乐会等。简单来说，它有以下几个特点：追求大众化、通俗化的趣味，强调新奇与独特的设计，强烈的色彩处理。这些设计都具有游戏色彩，有一种玩世不恭的青少年心理特点，以其灵活性与可消费性走出英国国门，进而形成一场世界性的设计运动（图2-33～图2-36）。

图2-33　波普风格窗帘

图2-34　波普风格床品

图2-35　波普风格地毯

图2-36　波普风格桌布

二、哥特风格图案

哥特（Gothic）这个特定的词汇原先的意思是西欧的日耳曼部族。在18世纪到19世纪的建筑文化与书写层面，所谓"哥特复兴"（Gothic Revival）将中古世纪的阴暗情调从历史脉络的墓穴中挖掘出来。哥特式建筑是11世纪下半叶起源于法国，13世纪到15世纪流行于欧洲的一种建筑风格，常被用在欧洲主教座堂、修道院、教堂、城堡、宫殿、会堂以及部分私人住宅中，其基本构件是尖拱和肋架拱顶，整体风格为高耸瘦削，其基本单元是在一个正方形或矩形平面四角的柱子上做双圆心骨架尖券，四边和对角线上各一道，屋面石板架在券上，形成拱顶。任何黑色的东西，或其他暗色，如海军蓝、深红，可以透（薄尼龙或渔网状面料），但不露。银饰、苍白的皮肤等都是哥特的主要体现元素。这可能是因为他们需要一种病态美的外表，也可能是因为想体现维多利亚时代关于"苍白的皮肤是贵族的标志"这一审美，也可能是反对沙滩文化里"太阳晒出的古铜色才是美的"健康理论（图2-37）。哥特式艺术是夸张的、不对称的、奇特的、轻盈的、复杂的和多装饰的，以频繁使用纵向延伸的线条为其一大特征，主要代表元素包括黑色装扮、蝙蝠、玫瑰、孤堡、乌鸦、十字架、黑猫等。

图2-37 哥特风格图案

黑发、红发、紫发或漂染过的极浅的金发，白色粉底、黑唇膏、黑眼影、细眉，这些视觉形象都是哥特风格的写照。自我束缚的装饰和怪异的服装是哥特风格的另一特征，如皮革、PVC、橡胶、乳胶都是必不可少的材料，中世纪的束腰也极为常见，宽领带，或缀有钉子的项圈，或紧紧系在颈部的丝绒绳也极具代表性（图2-38）。

图2-38　哥特风格服装

　　以前提起哥特风格，人们都会联想到教堂，如今随着人们追求个性化和差异化，哥特风格在普通居室中的应用还是很广泛的，也很受欢迎。在普通家居里，哥特风格爱好者用心打造，客房、餐厅、卫生间、卧房，甚至一些角落，都可以看到哥特风格的存在（图2-39、图2-40）。

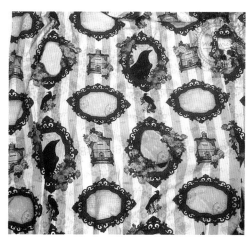

图2-39　哥特风格窗帘面料　　　　　　　　图2-40　哥特风格家纺

第五节 家用纺织品图案构成及基本法则

一、图案设计规格与接版

家纺图案设计规格是指图案绘制的范围，是图案设计所必须严格遵守的条件。散花图案的规格一般指长 × 宽的平面大小，宽度是织物内幅宽度除以花数所得数据，长度是设计师根据图案的比例，自行斟酌确定的尺寸，这一组数据通常情况下是由生产设备所限制的，与纺织品的门幅或者成品款式密切相关。一般情况下，单独型的图案规格会起到明显的框架作用，如方巾、壁挂、毛毯、被面、床单、靠垫、抱枕等，纹样会设定在框架内进行构图和布局。而连续型图案就不会受到明显的框架限制，而是以连续反复的形式构成平面空间。因此连续型图案的规格设计可以理解为设计人员限定的空间平面，其构图要考虑在平面空间内合理编排，在图案绘制过程中已经预期连续后的效果。

接版是指连续型图案单元图案连接的方式，连续图案有二方连续图案和四方连续图案。二方连续图案是用一个或几个单位图案向上下或左右反复连续排列，可以无限延长和无限循环的图案。四方连续图案是根据一定的组织方式，用一个或一组单位图案在规格范围内，把要素按一定的关系、形式进行排列，使其在上、下、左、右四个方向向四面反复连续，并可无限扩展的图案。设计四方连续图案时，应注意整体布局协调和统一的艺术效果，同时要求主题突出，主花与地纹之间主宾有序，层次分明，还要注意图案的穿插变化及疏密、虚实关系等。

各种连续图案要给人视觉上、心理上和谐的韵律感和反复统一的美感，尤其是反复连续的图案，要明确突出节奏感和律动感，所以其连续方法显得尤为重要，一般常用的有平接版和跳接版。

1. 平接版

平接版亦称对接版，单元图案上与下、左与右相接，使整个单元图案向水平与垂直方向反复延伸。

2. 跳接版

跳接版亦称1/2接版，单元纹样在上下方向相接；而左接右时，先把左右部分分为上下相等的两部分，然后使左上部纹样接于右下部，右下部纹样与右上部纹样相接，形成单元纹样垂直方向延伸不变，而左右呈斜向延伸状态，故又称它为斜接版或跳接版。

两种接版法相比，平接版不如跳接版的效果自由活泼，单元的反复不宜过于明显。平接版适合密集小花型的染织图案，而跳接版多被印花图案采用。

二、图案布局与排列形式

图案的布局是构图的基本样式，指设计要素占据平面空间的密度，也可以理解为"花"和"地"的比例，根据风格差异和品种类别基本可以分为清地布局、混地布局和满地布局三大类。

1. 清地布局

清地布局是指整个构图的图形面积占据比例较小，地纹面积大于花纹面积，整个构图还剩余较多的空地，这种构图布局形式"花"的面积大约占整个平面空间的40%以下。其明显特征是花地关系明朗，底色面积清晰可见，这类图形看似简单，但其设计却存在一定的难度。清地布局更讲究图案章法，强调图案的姿态优美和造型完整，单独图案要自然得体，连续图案要穿插自如，明确表现出"花"清"地"明、布局明快的特色（图2-41）。

图2-41　清地布局

2. 混地布局

混地布局是指介于清地布局和满地布局之间的一种构图设计形式，这种设计构图讲究"花"和"地"的均衡，一般情况下花纹占空间比例为40%～60%，花纹和底色面积基本相当，排列相对匀称，花纹和底色的关系也比较明确（图2-42）。

3. 满地布局

满地布局是指花纹占规格空间的大部分面积，其特点是花多地少，有的时候底色特别不明显，甚至不能确定底色是否存在，最终形成花地交融的视觉效果。这样的布局形式给设计师比较大的自由创作空间，一般会采用装饰效果强、变化繁复、层次丰富的图案，配以变化的色调和形式各样的组合对比，形成风格多变、类型丰富的布局变化（图2-43）。

图2-42　混地布局　　　　　　　　　　图2-43　满地布局

三、纺织品图案的排列形式

纺织品图案的排列形式是指单元图案在平面空间内的组织结构的基本骨架，常用的有几何式排列、散点式排列、连缀式排列、条纹式排列、重叠式排列和自由组合式排列。

1. 几何式排列

几何式排列是以一个或者几个相同或者不同的几何形作为循环单位，在上、下、左、右四个方向连续排列的一种组织形式。几何式排列的图案特点表现为连续性突出且紧密，形与形之间通过几何范式十分自然地组成一种网状组织骨架，非常准确地传递出一种规律性的节奏韵律感。这种组织形式可以直接表现为纺织品图案，如条格形纹样家纺，也可以通过一定的组合形式，把其他纹样设置在预期的几何形内进行连接延续；与此同时，还可以通过色彩填充的方式，使不同形状的几何形产生丰富变化（图2-44）。

2. 散点式排列

散点式排列是指在一个循环组织内，按照对立统一的原则，自由地布局、组织和编排单独图案，使其形成统一整体。散点式排列图案视觉形象生动、变化丰富，有多少、长短及大小等层次量的不同；同时还有轻重、色彩、方向、方圆及姿态的调和变化，加之通过疏密、虚实等组合方式的处理，使图案自然、有趣、生动活泼、自由灵动，更能够随心所欲地表现不同的艺术效果（图2-45）。

图2-44　几何式排列　　　　　　　　　　　图2-45　散点式排列

3. 连缀式排列

连缀式排列也叫穿枝连缀排列，是指通过可见或不可见的线条、块面连接在一起，产生很强烈的连绵不断、穿插排列的连续效果和曲折回绕、静中有动、齐中有变的灵动效果。常见的有波线连缀、菱形连缀、阶梯连缀、接圆连缀、几何连缀等。波线连缀以波浪状的曲线为基础构造的连续性骨架，使纹样显得流畅柔和、典雅圆润；几何连缀是以几何形（方形、圆形、梯形、菱形、三角形、多边形）为基础构成的连续性骨架，若单独作装饰，显得简明有力、齐整端庄，再配以对比强烈的鲜明色彩，则更具现代感，若在骨架基础上添加一些适合纹样，会丰富装饰效果，细腻含蓄、耐人寻味（图2-46）。

4. 条纹式排列

条纹式排列是指将单元纹样通过线式组合连在一起的排列方式。这种组合排列的变化也非常丰富，常见的有竖纹排列、横纹排列、斜纹排列、波纹排列以及宽窄交替纹排列等形式。条纹式排列可以形成规则的反复，具有明显的节奏韵律感（图2-47）。

图2-46 连缀式排列

图2-47 条纹式排列

5. 重叠式排列

重叠式排列是将两种不同的纹样重叠应用在单位纹样中的一种形式。一般把这两种纹样分别称为"浮纹"和"地纹"。例如，几何骨架排列与散点骨架排列组合重叠应用，或者连缀骨架排列结合散点骨架排列等组合形式，以及同种骨架排列重叠，诸如此类都属于重叠式排列。因此重叠式排列可概括为同形重叠和不同形重叠，同形重叠又称影纹重叠，通常是散点与该散点的影子重叠排列。为了取得良好的影子变幻效果，浮纹与地纹的方向和大小可以不完全一致，这种重叠方式称为不同形重叠，不同形重叠通常是散点与连缀纹的重叠排列。散点作浮纹，形象鲜明生动；连缀纹作地纹，形象朦胧迷幻。重叠式排列应用时要注意以表现浮纹为主，地纹尽量简洁以免层次不明、杂乱无章（图2-48）。

6. 自由组合式排列

以上五种排列方式大多是通过一定的规则样式形成特殊的骨架，但是在现实设计中还会有丁字形排列、S形排列等。此外还可以通过自由组合的方式，构成令人耳目一新的纺织品图案，如嵌花、变格、反地、渐变等形式（图2-49）。

图2-48 重叠式排列

图2-49 自由组合式排列

四、图案构成基本法则

1. 变化与统一

在染织图案设计中，处理构图要素时要努力做到以下几点：形象，大小相宜、多少相衬，姿态相依、气韵相通、主次分明、宾主呼应，层次丰富、疏密有序；组织，疏而不空、满而不塞，齐中有变、乱中见整，你中有我、我中有你，穿插自如、虚实相映；笔法，动中有静、静中有动，圆内见方、方内见圆，刚中蓄柔、柔中含刚，笔笔有神、形神兼备；色彩，雅而不灰、艳而不俗，浓而不腻、淡而有神，丰富多彩、协调丰满。

2. 均齐与平衡

均齐是指要素的物理量（形的大小、多少、形状、色彩等）在空间的上下、左右等方面的同一反复，是自然界美的基本构成原理之一。均齐能产生安静、稳定，极具永恒性的美感。平衡是指要素引起的心理量在空间上下或左右等方面的相称，是染织图案设计中最为常见的构图法则，可使图案富有生动、自由、活泼、多样、运动、变化的情趣美感。

3. 条理与反复

条理与反复的通俗解释就是秩序，要素的变化常采用渐变、推移等形式表现。其也可理解为要素的变化是按一定的比例、顺序进行，可以是定向的，亦可以是明显的，也可以隐藏于要素的复杂关系中。视觉要素的反复，产生视觉运动的时间与空间的连续变化，这种变化直接影响人的心理，产生不同的感情。

4. 节奏与韵律

要素的连续反复产生节奏，反复产生的视觉运动形成韵律感。不同节奏、不同韵律的律动，产生不同的感情效果。在染织图案设计中，构图的节奏与韵律感是把视觉艺术引向时间、空间等视觉艺术感受的重要手段。

5. 比例与尺度

比例是指要素之间的量的分配比较，具有数列的良好关系。比例是形成律动、统一等美感的基础之一。保持良好的要素比例是染织图案设计中重要的艺术语言。例如，黄金比例是自古以来人们公认的美的比例，是实践中经常使用的构图比例。染织图案设计中所应用的比例与尺度，是自然规律反映的结果，如图案块面的大小，线的长短、粗细，纹样组织的疏密、间距等，都必须在相应的比例尺度中加以处理，其比例尺度也可作适当的夸张、增强与减弱。

第六节　家用纺织品中国传统图案创新设计

一、色彩创新

我国传统色彩是一个复杂而丰富的系统，在文化和艺术中已存续了数千年。它源自传统的"五色观"，即以青、黄、赤、白、黑为正五色，与"五行"的木、土、火、金、水五种元素形成对应关系。五行与五色相生相辅，体现了我国古人的自然观和对色彩的认识。

中国传统图案是千百年来民间艺人智慧的结晶，反映了人们对于美好生活的向往。中国传统图案在色彩的选择上也更趋向于自然的审美需求，具有深厚的文化内涵。我国幅员辽阔，各地的生活方式、风俗习惯和文化传统都各不相同，因此中国传统图案具有种类繁杂、数量庞大、南北方审美差异明显等特点。中国传统图案的现代创新应用要分析色彩特征，可以根据取材和装饰分析如下：

1. 素洁淡雅的用色特征

色彩本身是一种美好而奇妙的存在，中国传统色彩蕴藏着中国人的审美情趣和古老的文化沉淀。中国传统图案用色受我国文人画的影响明显，多采用素色及淡彩来修饰，这种风雅从颜色的命名上就可见端倪，天青（图2-50）、月白、苍绿、黛蓝、绛紫、嫣红、十样锦……当这些名字袅袅娜娜地袭来，一幅幅充满诗意的画卷便在眼前徐徐展开，只有中国的颜色，才能美得这般不可方物。

在古代，色彩名不单指某一种颜色，一种颜色会根据不同朝代的历史文化，演变成各类含义。一种红色，不同的古籍文献中记载的就多达几十上百种。以粉红色为例，在典籍中记载为"绯""黛"，别称为桃夭色、妃色、杨妃色、湘妃色、嫣红色、妃红色（图2-51）等。而"桃夭"最早在古文释

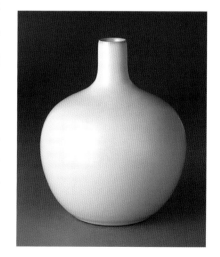

图2-50　天青色瓷器

义里是赞美男女婚姻以时，室家之好。夭夭代表着花朵怒放、茂盛美丽、生机勃勃的样子，后来古人把桃花怒放时的颜色称为桃夭色。又如秋香色，在古以秋为金，树叶从绿转黄，绿瘦黄肥，秋香色是来自植物在秋收季节散发的香气，代表着草木在秋阳下的清香。

中国传统色彩的命名又与文学作品密不可分。为了描写生动，文学作品常常创造大量的新词来表达色彩，从字词间揉捻出文学的渊博。比如，形容天刚破晓时的"东方既白"，这个词来自苏轼的《赤壁赋》，"相与枕藉乎舟中，不知东方之既白"，在天将亮未亮的时候，整个天空的颜色其实是蓝中透白的，所以苏东坡说"不知东方之既白"。同样的还有"暮山紫"（图2-52），也是带有诗意的颜色，有上百首古诗写到过"暮山紫"，它最早出自王勃的《滕王阁序》，"潦水尽而寒潭

图2-51　妃红色创新设计应用

图2-52　暮山紫色创新设计应用

清，烟光凝而暮山紫"，太阳快落山的时候，烟和雾交织在一起，又被夕阳透过来，这是一种紫蒙蒙的状态，所以王勃说它是"暮山紫"，其既是一种颜色，也是诗人的想象。这些优雅又古典的名称是古人的智慧，亦是现代人的无价之宝。

2. 鲜明的节令色彩

中国传统图案中有很多节令色彩，人们用它来烘托气氛、欢度节日，如兔儿爷、面具、布老虎等。这一类传统玩具在色彩装饰上多采用饱满鲜亮的颜色，用色浓烈，对比强烈，红色、黄色和绿色在使用上特别常见。在我国传统文化语境中，它们常被认为具有喜庆、吉祥、繁荣的寓意。这些颜色有时也会搭配金色或银色使用，为节令玩具增添优雅和奢华感。节令色彩诠释了我国历史形态和文化风俗对色彩的影响，在生活中非常抢眼，受到大众的喜爱。

中国传统色浩如烟海，遍布于诗词、典籍、史书、佛经、服饰、器物、饮食中，被

寄予着色彩的美学和历史的故事。悠悠五千载，祖先的高级感何其浪漫丰富。中国传统的色彩来自天地万物，也来自我们古老文明的想象力，以"观念"为主旨，注重色彩的意象，追求"随类赋彩""以色达意"的色彩观念。从现代创新设计视角来看，设计师更应该主动传承中国传统色彩，将传统色彩本质美与文化内涵应用在现代创新创意设计中，更好地发挥中国传统色彩引领世界潮流的作用。

二、构图创新

在现代消费社会语境下对传统纹样重构的视觉文化进行研究，分析图像再生产的内在逻辑和生成机制，从而尝试建构传统纹样现代性表现的创新方法。传统纹样转型设计经历了三个主要阶段，分别是图案创作的"鸿蒙"期、消费符号"奇观"期以及设计沉思和主体性的"浮现"时期。"凝视"功能的介入使纹样设计力图冲破"消费主义陷阱"，转而成为表现民族认同和集体记忆的现代视觉文化表征。传统纹样不仅是历史叙事的能指的集合，还是展现现代工艺文化意蕴特征的要素。纹样设计应尝试褪去"消费文化"的符号体征，适应为"他者"而设计的设计伦理秩序，叙述当代文化自信和民族记忆。

中国传统纹样在现代产品设计中的应用，不仅是简单地继承传统的设计方法与观念，还需要对其有深刻的认识，并在充分了解的基础上进行创造性的创新，在现代产品设计实践中，坚持"以人为本"，以当代设计思想为指导，将中国传统纹样与当代审美需求结合起来，不断更新，不断探索，不断创造出具有时代美感、与时代精神相适应的精品创新创意产品。

现代产品中传统纹样的应用，最早表现为单纯的形式复制（图2-53）。传统文化创意产品的外部形式复制，其主要目的在于展示某些有收藏价值的艺术品，以满足广大收藏家对传统纹样的热爱。这些带有传统纹样的文化创意产品，大多品质优良、价格低廉。从感觉、外形上，尽管与原作有所差异，但由于工艺高超，仍具有很高的文化鉴赏价值。目前很多产品的制

图2-53 传统纹样的复刻

作过程，往往会省略掉传统文化的再创造，但由于强大复制品功能，对于弘扬传统文化也起到了一定的促进作用。能否将传统纹样的原始形态完全重现，已成为衡量文化创意设计人员技术水平和知识修养的一个重要指标。

外部要素的参考，其实质是产品设计师从产品使用的角度出发，在图案等所有传统文化元素中提取并加以引用，从而创造出新的产品，在自己的设计工作中取得更大的突破与创新。产品设计师在设计过程中，从外在因素中汲取和引证传统文化元素，通过对文化创意设计的深入认识，更好地理解文化创意产品的内涵，进而达到对其原有形态的再次超越与重组（图2-54）。

图2-54 传统图案的借鉴

从传统图案中汲取内在的文化精神，是现代产品设计中将传统图案因素应用到极致的水平。从文化的内部汲取，要求设计师从单一格式复刻和参考元素，通过学习外在的传统文化形式，将其直接提升到无形的心灵层次，深入理解它所蕴含的精神意蕴，设计出能够带给用户思考的创意纹样（图2-55）。例如，在青铜器、漆器、玉器等方面，种类繁多的龙凤纹、云纹是十分普遍的，它们不但是纹样的外部形象，更象征着人类对吉祥、祥和、平安的期盼。在现代产品设计中，设计者更多的是需要

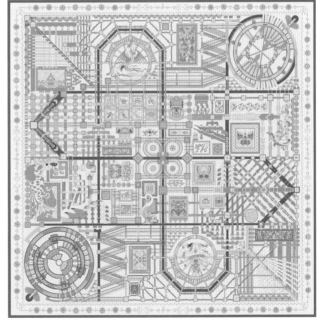

图2-55 传统图案的创意转化

通过情感来重新创造传统的文化元素，使其成为能够引领风潮的创新创意设计。

综上，中国传统纹样的现代应用主要表现为复刻、借鉴参考、创意转化几个方面，而构图创新可以有效地帮助设计师从复刻转向创新创意设计。整体而言，中国传统纹样的构图创新可以从纹样的简化设计、纹样的解构与重构、纹样的细节设计等方面着手。

三、技术创新

中国传统纹样积聚了中华民族的审美情趣、审美理想和人文精神，样式丰富多变，一直以来受到设计师和消费者的青睐。这些形式优美、风格独特的纹样，被设计师们融入各类的纺织品设计中，并注入现代时尚的元素，使之具有了新的活力。但从纺织服装设计领域的现状来看，传统纹样在现代纺织品设计中正面临比较尴尬的局面，即纹样的使用手法比较单一，多为原样织绣在产品上。纺织品的款式也较为传统，时尚感不够。一方面，设计师们推崇"中国的就是世界的"，努力地在传统与现代之间找寻其交融点；另一方面，由于长期以来的设计思维定式，使设计师们很难突破目前的思维框架。而今人类进入了知识与信息的社会，科学技术对纺织品设计创新起到了重大的推动作用，人们通过先进的网络技术获得了最新的时尚资讯，通过先进的科技手段，开阔了自己的视野，也为纺织品设计创新提供了更为广阔的空间（图2-56）。

图2-56 云感纳米透气型纺织品

现代科技手段为纺织品设计提供了新的设计手段，计算机绘图技术的普及，使大量原本需要设计师们埋头进行的案头描绘工作能够借助绘图软件快速完成，而计算机强大的复制、修改、储存功能，使设计中大量的配色、修改等后期工作量大大降低；一些专业的纺织服装设计软件，则可以建立不同的时尚流行信息库，设计师可以将色彩、款式等各类元素按需分类，随时取用，进行各种可能性的设计组合；款式确立后，3D技术则可以按照所设定的尺寸任意换款，设计师们设计出的纺织服装款式通过计算机虚拟模拟，极大地提高了工作效率与经济效益，目前我国也自主研发了较成熟的3D虚拟仿真模拟软件（图2-57），极大地促进了纺织服装虚拟仿真设计不断进步。

现代科学技术为传统纹样在纺织服装设计中的运用与创新提供了宽阔的空间，如何巧妙地将两者结合，关键在于找准两者之间的结合点，同时大胆突破旧有思维框架。以计算机分形艺术为例，"分形"一词源于英文"Fractal"，是分形几何的创始人曼德尔布罗特（Mandelbrot）于1975年由拉丁语"Frangere"一词创造而成，词本身具有"破碎""不规则"等含义。曼德尔布罗特发现整个宇宙以一种出人意料的方式构成自相似的结构，集合图形的边界处具有无限复杂和精细的结构。如果计算机的精度不受限制的话，可以无限地放大它的边界。当放大某个区域，它的结构就会发生变化，展现出新的结构元素。用数学方法对放大区域进行着色处理，这些区域就变成一幅幅精美的艺术图案，这些艺术图案被人们称为"分形艺术"（图2-58）。

图2-57 虚拟仿真纺织品

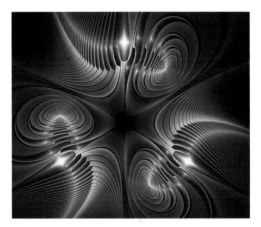

图2-58 计算机分形艺术纹样

"分形艺术"以一种全新的艺术风格展示给人们，使人们认识到该艺术和传统艺术一样具有和谐、对称等特征的美学标准。可以借鉴此思维，对一些传统的纹样进行设计与变化。对纹样形式的变化与处理不再局限于单一的纹样，还可以借助计算机的储存以及复制功能将不同纹样结合在一起进行创新。例如，将不同种类的传统纹样进行外廓提取，并分层处理，通过不同的方式组合在一起就会形成新的纹样。现代科技发展为人们的思维插上了翅膀，新机器、新材料的出现使设计师们也获得了新的设计灵感。英国著名服装设计师马克·奎恩（Mac Queen）在品牌纪梵希（Givenchy）发布会上让机器人当场为纺织服装喷绘图案，当它完成整体表演时，奇特的创意让马克·奎恩赢得了满堂喝彩。对于他的成功，科技功不可没。科技对于纺织服装的重要贡献之一就是，它突破了人们对纺织服装设计、制作旧有的思维框架，展现出截然不同的视觉形式。

四、课程思政实例：中国民间虎头鞋纹饰

该知识点需要学生重点了解虎头鞋的概念，从整体上让学生形成对虎头鞋的初步印象，继而探究虎头鞋细部造型。对虎头鞋造型的"造型特点清晰明确，造型式样丰富多

变，造型方法灵动机巧"的整体调性，第一次设问："同学们如何概括虎头鞋的造型特征？"从对虎头鞋造型的总体概括进入详细解读。

1. 虎头鞋纹饰造型特征

这部分内容主要让学生细致掌握虎头鞋的造型特征（图2-59）。根据第一次设问，老师从"朴拙性、典型性、浪漫性"三个方面敲定虎头鞋以意写神的造型特征。

图2-59　山西地区虎头鞋

通过PPT图片展示和老师的口头讲授，从鞋底造型、鞋尾造型和鞋脸造型三个方面解读虎头鞋造型的朴拙性，再次从整体进入局部，加深学生对造型朴素性的理解（图2-60、图2-61）。

在介绍虎脸造型的朴素性之后，第二次设问："虎头鞋造型根据地域不同而有所变化，变化主要集中体现

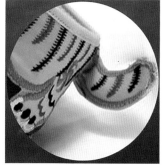

图2-60　虎头鞋虎尾造型

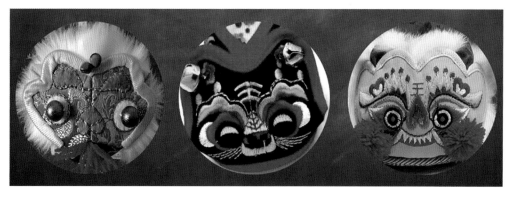

图2-61　虎头鞋虎脸造型

在哪里？"根据设问做一个知识扩展和补充，让学生知其然知其所以然。

根据虎头鞋的造型变化区域对第二次设问进行解答（图2-62），并总结出虎脸造型的变化体现在"眉耳平齐、眉高耳低和眉低耳高"几种，培养学生对传统造型的观察与总结凝练能力，由艺术走向技术。

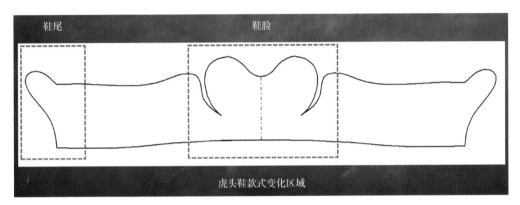

图2-62 虎头鞋造型变化区域

在对虎头鞋典型性深入解读的时候，紧抓"虎眼、虎鼻和虎口"三个部位，讲授采用PPT动画，通过彩色几何形状圈标和箭头指引，吸引学生的注意力，让学生抬起头来，思路跟着老师走（图2-63）。

图2-63 虎头鞋的典型性特征

深入解读虎头鞋的浪漫性特征，继续沿用PPT动画，用彩色几何图形圈标，箭头指引，分析出虎头鞋虎脸造型中虎眼、虎眉等部位的浪漫性表现（图2-64）。第三次设问，使学生在老师的讲授中进行思考"除这些浪漫性表现外，还有哪些浪漫性特征"，为学生留下思考空间。

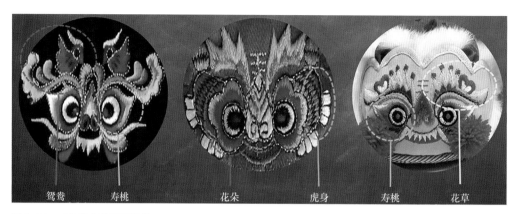

鸳鸯　　寿桃　　　　　花朵　　虎身　　　　寿桃　　花草

图2-64　虎头鞋的浪漫性特征

通过PPT动态演示，时刻吸引学生的注意，结合教师的肢体语言及口头介绍，让学生沉浸在虎头鞋造型美之中，实现"掌握民间虎头鞋造型特征"的教学目标。

2. 虎头鞋纹饰造型理念

在造型特征解读基础上，第四次设问："虎头鞋的造型理念表现在哪些方面？"引发学生对虎头鞋造型理念的思考与总结。针对第四次设问，教师确定"驱灾辟邪、天人合一和强调情感"三大理念，这是对虎头鞋造型理念的总结。

通过一个连线游戏对造型理念的"驱灾辟邪"进行详细解读，让学生深入理解虎头鞋造型的驱灾辟邪理念（图2-65）。连线小游戏不但与知识点紧密结合，而且

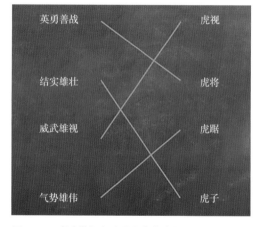

图2-65　虎头鞋驱灾辟邪理念游戏题

很好地活跃了课堂气氛，加深了学生对驱灾辟邪理念的理解。

在对"天人合一"理念进行解读时，突出一个"和"字。在这部分讲授里，对知识点进行升华与扩展，引用《易经》里"制器尚象"的理念，解读虎头鞋的仿生设计理念。

在对"强调情感"理念解读时，依旧依靠PPT动态演示，注意引导学生的思路，第五次提出设问："虎头鞋造型的情感如何表现？"将自然界中存在的和想象出来的美好形象都通过刺绣、贴布等形式凝结在小小的虎头鞋上。比如将虎鼻演化为蝴蝶，将虎眉演化为凤凰等（图2-66）。

通过"知识点的总括—知识点的细读—知识点的总括"的思路，借助PPT演示、GIF动图、口头讲授和师生互动，使学生对刺绣针法知识点的认识由浅及深，实现"熟悉掌握传统虎头鞋造型理念"的教学目标。

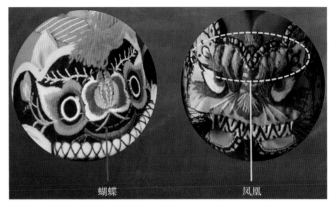

蝴蝶　　　　　凤凰

图2-66　虎头鞋的"强调情感"理念

3. 虎头鞋纹饰造型规律与文化内涵

该知识点需要学生总结虎头鞋造型规律并理解虎头鞋造型的文化内涵。难点是如何通过给出的示例"总结出虎头鞋的造型规律"和"虎头鞋造型的文化内涵"。

这部分内容要从虎头鞋本体中走出来，跳出虎头鞋来看虎头鞋，要对虎头鞋造型进行形而上的理解，虽然依然是通过图片案例介绍，但是该部分的介绍不再是依托实物虎头鞋，而是依托虎头鞋鞋脸"样式"。

引导学生观察虎头鞋的夸张变形（图2-67），发现图中虎头鞋鞋样的特征，虽然各个地域的虎头鞋在造型上存在差异，但从整体来看，基本是对称均衡的，但是在对称均衡中还蕴藏着古人造物的奇思妙想。

图2-67　虎头鞋的夸张变形

引导学生针对图2-68进行思考，从"局部"看"局部"，可以发现这个鞋样最大的特征是夸张虎头部分、变形虎尾部分，但在视觉上又保持了平衡。

引导学生回忆传统手工艺图案构图规律，让学生更贴近虎头鞋"鞋样"，并根据图2-68进行第六次设问"从这个鞋样可以看出虎头鞋造型的什么规律？"针对第六次设问，根据学生的课堂反映，老师概括出虎头鞋造型的第一个规律"夸张变形"。

　　引导学生观察虎头鞋的虚实相生（图2-68），根据该图对虎头鞋的第二个造型规律进行解读，这次解读再从"部分"回归"整体"，引导学生将鞋头与鞋身进行对比，得出虎头鞋造型"虚实相生"的规律。

图2-68　虎头鞋的虚实相生

　　引导学生观察虎头鞋的立象尽意（图2-69），根据该图对虎头鞋的第三个造型规律进行解读，这次解读再从"部分"回归"整体"，引导学生将鞋头与鞋身进行对比，得出虎头鞋造型"立象尽意"的规律。

图2-69　虎头鞋的立象尽意

 思考与练习

1. 从个人角度分析如何传承中国民族图案。
2. 尝试将中国民族图案与外国民族图案进行融合设计。
3. 按照图案构成及基本法则原理进行家纺图案训练。

第三章

家用纺织品色彩设计

● **本章要点**

1. 家用纺织品色彩搭配规律
2. 家用纺织品色彩处理法则

● **本章学习目标**

1. 了解家用纺织品织物色彩特点
2. 明确家用纺织品织物色彩搭配规律
3. 掌握家用纺织品色彩处理发展
4. 了解家用纺织品与流行色的关系

第一节 纺织品色彩搭配

一、织物色彩特点

为了更好地美化、装饰、点缀生活，家用纺织品离不开色彩设计。纺织品色彩是一种融合情感的视觉现象，它对使用者的思维、情绪、感觉和行为举止都有一定的调节和控制作用。纺织品色彩选择是否得当、其搭配是否协调美观，与织物在光照后产生的物理现象有密切关系。

1. 纺织品的色彩特点

家用纺织品面料主要包括棉、毛、丝、麻等天然纤维织物，以及再生纤维、合成纤维和大量的新型纤维织物。由于织物表面的肌理形态会影响其对色光的吸收、反射、折射和投射，不同的织物面料结构会使其在受光线照射后产生不同的外观效应，从而具有不同的色彩特点。

图3-1 华丽风格床品

织物的反射光线是由纤维的性质、纱线的结构和织物表面状态决定的，是人的视觉对面料光泽的心理反应。不同的织物有不同的光泽，不同光泽有不同的评价语言。通常可以沿用其他物质的光泽描述织物的光泽，如金属光泽、珠宝光泽、水晶光泽、蜡状感等；也可以用与组织纹路相关的描述，如光滑、粗糙、有反光纹路等；同时还有其他的一些评价术语，如华丽（图3-1）、自然、优美、高雅等。

概括来说，当纤维表面平滑一致，纱线平行排列时，织物表面光泽明亮；当纤维表面粗糙，纱线排列不整齐时，织物表面光泽暗淡。不同织物因其纤维形态、横截面形状的不同，反射关系的强弱产生差异，影响其视觉效果，如棉织物光泽柔和，而丝织物光泽明亮就是这个道理。

从纱线结构看，因为纱线中纤维的排列方向（纱线捻向）不同，反射光的方向也不同，造成不同排列方向纱线织成的织物光泽效应的差异。纱线粗细和捻度也会影响纱线纤维的排列方式，进而影响其光泽效应。无捻纱和弱捻纱的纱线排列趋于平行，而强捻纱的纱线排列相对紊乱，使它们的光泽有区别。

此外，由于织物组织经纬纱交织的不同，使织物产生凹凸感和明暗度的变化。例如，纱线交错次数少的织物组织，其浮线表面反光面积大，织物呈现外观光滑、光泽明亮的视觉效果；纱线交错频繁的位置，织物表面粗糙、暗淡。经纬纱因其结构、交织方向、经纬密度等的变化也会造成织物表面光泽的差异。

自然界中各种物体在太阳光照射下，都会呈现不同的色彩。我们可以将色彩分成三大类，即暖色调、冷色调和中性色调，每大类还可以分为深色调和浅色调。而色纱和织物的色彩是由于织物纤维吸附了不同颜色染料。因此织物色彩要表达的各种审美情趣必须以各种面料为载体，使色彩和面料的肌理特征完美融合。面料的色光成分不同，织物呈现的色彩也不一样。吸收的各种色光越多，染色越深暗。例如，互补色染料混合时，各色光均吸收较多，造成织物的鲜艳度降低，灰度和黑度增加。

素色织物是染色工艺实现的色彩效果，是色彩直接混合的结果。在配色时，要注意选择色相的纯度和明度，以确定织物色泽。混色织物和色织物的色彩效应是色彩空间混合的结果。织物表面色彩以点、线、面的形式进行各种变化，不同色彩并列呈现在同一织物上，其色彩变化是在同时对比的情况下发生的，所以设计时要考虑色相、明度、纯度、环境、识别距离等的差异（图3-2）。

总之，各类纺织品的色彩各有特点，这是由本身的结构、肌理、光泽、性能和使用要求决定的。光线照射到织物表面会呈现出不同的外观效应，利用色光的原理加以分析，找出进行织物色彩设计的规律，可以使纺织品更加丰富多彩。

图3-2　素色织物床品

2. 织物配色原则

彩色织物设计时，需要将各种色彩进行组合、搭配。当两种及两种以上色彩进行配合时，要想得到有吸引力、有表现力、和谐、悦目的配色效果，就必须处理好面料中色彩的位置、空间效果、比例、节奏、秩序等的关系，使色彩搭配组合后的效果能够给人的视觉和心理带来美感。这就需要把握织物配色美的原则，使多变的色彩形成和谐统一的整体。

色彩的调和美是织物配色的最主要原则。调和美是一个广义的概念，不仅指同类色或者类似色搭配后产生的柔和色彩感觉，而且指纺织品表面色彩给人带来舒适和悦目的感觉。这种舒适感就是色彩的调和美，它包含色彩的统一和对比。统一指色彩配合的一致性，即协调性，通常是由同类色、相邻色或邻近色相互搭配得到的；对比色指色彩配合时的差异性，通常是由对比色甚至互补色配置而得到的。两种配色方式给人的感觉不同，但都可以达到调和整体的效果，如果将二者合理结合，配色效果会更加完美。

比例是指色彩搭配时局部与局部、局部与整体之间的配合关系。不同色彩之间配合得是否匀称恰当，决定了面料色彩视觉是否和谐。除素色织物外，各种印花、提花和色织物都由两种或者两种以上的色彩构成，都存在色彩比例设置的问题，各种花型图案的色彩通常和底色不同，使纺织品具有强烈的美感和装饰性。色彩的比例美包括色彩局部和整体的比例关系以及不同色彩的色相、纯度、明度的比例关系。

在一块面料中，必然有一种起主导和支配作用的色彩，其他色彩根据其面积和位置等因素影响处于从属地位。主色调的获取主要有两种方法，一种是通过增加主色调色彩的面积，另一种是通过局部色彩的空间混合来构成主色调。

色彩的均衡是色彩配合在人们心理上产生的安定感，是通过色彩布局的合理性和匀称性达到的。均衡有视觉、心理和感情的均衡。在视觉上，除了色彩的三要素外，还有色彩的冷暖、轻重和前后的感觉，色彩不仅仅是一种视觉感知，还是一种心理感知，视觉平衡决定了心理平衡。所以，织物配色要符合人们的心理因素平衡，才能更充分地展示织物的美感。色彩的均衡指人的心理对色彩配合的感受，包括统一和变化两个方面，设计师在设计过程中要特别注意平衡这两个方面的关系。例如，在追求统一时，可以通过均衡感觉的普遍性设计；追求变化时，则可以改变均衡性，明确面料的用途、使用场合、使用对象、使用季节等。

色彩的节奏感是通过色彩的三要素和花纹图案的形状等方面的变化，表现出有规律的方向性、层次感和反复性。纯色织物本身没有节奏感，只有与其他色彩和花纹面料配合使用时，才会涉及整体的节奏感问题。色彩的节奏感主要体现在印花织物和色织物设计中。例如，色织物的节奏感通过有色纱线循环排列实现；大部分的印花织物采用二方连续、四方连续等构图规律，使花纹连续出现在面料上，从而产生节奏感。织物色彩的节奏感可以概括为有规律节奏、无规律节奏和动感节奏三个方面（图3–3）。

面料色彩的层次主要表现为色彩搭配产生的前后距离感和空间感，主要通过色相对比、明度对比、纯度对比、冷暖对比、深浅对比来实现。对比越强，层次感越强，反之越弱。色彩的冷暖、轻重、软硬都可以形成相应的阶梯层次。例如，点、线、面可以形成图案大小的层次，色彩与之结合可以加强层次感；用类似色或者对比色搭配，通过织物组织设计可以实现放射状的空间感，具有强烈的立体视觉效应；不同质地面料搭配也会产生不同层次的视觉效果，从光泽上看，同一色相的色彩，织物纹路平滑、反光强烈的部分向前，所以在条格组织、提花组织和联合组织里，织物组织变化非常重要，影响着图案花型和色彩层次。

织物色彩搭配时，还要注意织物色彩的强调和配合，色彩的强调是指在同一性质的色彩中加入少量不同性质的色彩，产生强调感，将使用者的注意力吸引到某一点，在统一中寻求变化。色彩的强调可以吸引人的视觉注意力，还可以给整幅织物的配色增加活力，并可保证色彩平衡，起到调和的作用。色彩的配合包括织物中各种颜色的搭配效果、应用面料时环境色彩和使用色彩的配合。面料的色彩配合是主要因素，实际上在实践操作中，还要注意色彩作用的配合以及情调意境的配合。例如，用彩点、嵌条、金银线等，对色彩进行烘托点缀；用一些色彩勾勒轮廓，突出图案花型；用淡绿、浅白、柠檬黄色彩组合代表早春；用白色、浅蓝、深蓝色彩组合代表冰山大海（图3-4、图3-5）。

图3-3 节奏感纹样床品

图3-4 蓝色调床品

图3-5 绿色系床品

二、织物色彩应用规律

色彩是一种物理现象，它的本质是光。人们看到的各种色彩都是光、物体、人的视觉器官三者之间互动关系的产物。所有物体的形状、大小、位置和肌理等的区别，都是通过色彩关系使人们的视觉器官形成一种视觉信息和感觉，从而对它们产生了解和认识。

1. 织物色彩的视觉生理规律

在人类视觉现象中，相邻区域的两种颜色的互相影响称为颜色对比。也就是说，两种以上的色彩以空间或者时间的关系相比较，能产生明显的差别，这称为色彩对比。自然界中的色彩对比无处不在。色彩对比可以分为同时对比和连续对比。相邻色彩互相影响，使其分别带有相邻色、补色的现象称为同时对比。例如，同一灰色，在黑色底上变亮了，在白色底上变深了；同一黑色，在红色底上呈现绿灰感觉，而在绿色底上则呈现红灰感觉。色彩的同时对比可总结为以下几条规律：

亮色与暗色相邻，亮者更亮，暗者更暗；灰色与艳色并置，艳者更艳，灰者更灰；冷色与暖色相邻，冷色更冷，暖色更暖。不同色彩相邻时，都倾向于将对方推向本身色彩的补色。补色相邻时，由于对比作用强烈，各自都增加了补色光，色彩的鲜明度也同时增加。同时对比效果随着纯度的增加而增加，对比效果相邻区域即边缘部分最为明显。同时对比只有在色彩相邻时才能产生，其中以一色包围另一色时效果最为醒目。

当看了一种色彩之后再看另一种色彩，这个时候会把前一种色彩的补色带入后一种色彩上，这种对比称为连续对比。例如，我们先看红色，再看橙色，对比色为黄味橙色；先看绿色，再看红色，对比色彩为紫味红色。这种连续对比是眼睛连续视觉后产生的，是视觉的"后像"。

色彩的前进感和后退感也是色彩设计者感兴趣的话题。因为眼睛在同一距离观察不同波长的色彩时，波长长的暖色，如红色、橙色等在视网膜上形成内侧影像；波长短的冷色，如蓝色、紫色等在视网膜上形成外侧影像，所以给人感觉暖色在前进，冷色在后退。同时，色彩的前进感和后退感还与色彩对比的知觉度有关，对比度强的色彩具有前进感，对比度弱的色彩具有后退感；膨胀的色彩具有前进感，收缩的色彩具有后退感；明快的色彩具有前进感，暖昧的色彩具有后退感；高纯度色彩具有前进感，低纯度色彩具有后退感。

由于色彩具有膨胀感或者收缩感，能够产生色彩面积的视错觉。例如，波长长的暖色在视网膜上成像时，因为其影像在视网膜后方，焦距不准确，造成影像模糊，具有一定的扩散性；而波长短的冷色影像比较清晰，好像具有收缩性。色彩的膨胀收缩感还与色彩的明度有关，明度高的色彩具有膨胀感，明度低的色彩具有收缩感（图3-6、图3-7）。

图3-6　膨胀感色彩床品　　　　　　　　　　图3-7　收缩感色彩床品

2. 织物色彩的视觉心理规律

人类在发展过程中，无时无刻不与色彩接触。色彩作为自然界的客观存在，本身是不具有思想感情的。但是在人类认识和改造客观世界的过程中，自然景物的色彩逐渐对人类造成了一定的心理影响，使人产生了色彩的冷暖、远近、轻重等感受，并根据色彩展开联想。不同的色彩会引起人们精神、情绪、行为等一系列心理反应，让人们产生不同的喜恶。

例如，看到红色，让人联想到万物生命之源的太阳，从而感到崇敬、伟大，也可以让人联想到鲜血，感到不安和恐怖；看到黄绿色，让人联想到植物发芽、成长，感觉到春天的来临，用它来表现青春、希望、活力、和平、发展；看到黑色，让人联想到黑夜，从而感到神秘、绝望等。人们对色彩的这种感受由经验感觉而产生主观联想，再上升到理智的判断，既有普遍性，也有特殊性；既有共性，也有个性。

人们除了对单一色彩产生以上心理反应外，还会对色彩组合产生冷暖、轻重、华丽与朴实等一系列心理效应。从色相上来看，红、橙、黄等暖色系给人以温暖的感觉，相反，绿、蓝、紫等冷色系给人以凉爽感；在纯度上，纯度越高的色彩越趋于暖和感，明度越高的色彩越有凉爽感，明度低的色彩则有暖和感，无彩色整体是冷的，黑色呈现中性。色彩可以改变物体的轻重感，明度高的色彩给人以轻的感觉，明度低的色彩给人以重的感觉，所以在织物色彩设计中，浅色给人轻盈感，深色给人厚重感。

色彩还可以带来华丽和质朴的感觉。一般认为，同一色相的色彩，纯度越高，色彩越华丽；纯度越低，色彩越朴实。除了纯度外，明度变化也会产生这种感觉，明度高的色彩即使纯度较低也会带给人艳丽的感觉。因此，色彩的华丽与质朴主要取决于色彩的纯度和明度。高纯度、高明度的色彩显得越发华丽。从色彩组合上来说，色彩多且鲜艳、明亮的色彩组合呈现华丽感；色彩少且浑浊、深暗的色彩组合呈现质朴感（图3-8、图3-9）。

图3-8 华丽感床品　　　　　　　　　　　图3-9 质朴感床品

此外，明亮、温暖、艳丽的色彩能使人兴奋；深暗、浑浊、寒冷的色彩能使人安静。从色彩明度看，高明度色彩产生兴奋感；中低明度色彩则有沉静感。纯度对兴奋和沉静的心理影响也非常明显，纯度越低，沉静感越强，纯度越高，兴奋感越强。

除了以上几种色彩心理效应外，色彩还给人带来联想和象征意义。当人们看到某种色彩时，总是可以联想到某些与这种色彩相联系的事物，从而产生一连串的情绪和观念的变化。因为人们的性别、年龄、民族等的差异，加之其生存环境、文化背景、传统习惯、宗教信仰的区别，色彩的联想和象征都会存在较大的差异，充分运用色彩的联想和象征，可以使设计的纺织品具有深刻的艺术内涵，从而提升纺织品的文化品位。

3. 织物配色规律

色彩配合是色织物艺术处理的重要部分，产品设计人员对色织物每一大类品种都可以设计出大量的组织花纹，每种组织花纹都可配若干套色调。在设计同一套色的配色时，色彩的变化可以多种多样，如改变点缀色、改变地色、改变部分或者全部经纬色纱排列等。但同一套色内的各对应部分，如花色、地色、点缀色的格型大小和色纱的明度、纯度等应保持不变。

消费者在选购纺织品时，通常是先看颜色再看花，也就是说人们往往主要观察织物的整体色调，即织物的主色调，然后仔细地观察织物的花纹图案、原材料、手感等。织物的主色调可以使人感觉到冷暖、明暗等。例如，织物通过纵横条纹、大小方格、变化的几何图案等来组合出不同的效果。一般情况下，色织产品每套花样都会有3~5个色位，随着产品花型和类别的变化，也可以增加花位，但是要注意色位之间的协调。但是色彩的明度、纯度和层次必须遵循色彩设计时确定的主色调。同时用量比例也要保证恰当。主色调面积要最大，但是纯度不能太高。陪衬色起烘托陪衬作用，要突出主色，赋予织物立体感，所以陪衬色不能喧宾夺主。点缀色起点缀作用，用量很少却很重要，因而点缀色的明度、纯度要高。

三、织物色彩的对比和调和

色彩美是通过色与色的相互组合来体现的。色与色的对比与调和关系是色彩组合设计的重要配色规律。色彩对比给予纺织品生机和活力；色彩协调则带来柔和与舒适，两者是色彩配合的两个方面，运用得当会使纺织物产生动、静、刚、柔、雅、艳、繁、简等多种风格。

1. 织物色彩对比

色彩对比在审美心理中是一项非常重要的内容。色彩之间依靠对比互相衬托，纯色面料给人的感觉局限于色相、明度、纯度的变化，而感受不到色彩的差别。当两种或者两种以上色彩处于同一面料中时，眼睛获得色彩的感觉会完全不同。非彩色有明度特征，它们之间会形成各种明度对比关系；有彩色同时具有色相对比、明度对比、纯度对比、综合对比等关系，各种色彩在构图中的面积、位置和形状，以及色相、纯度、明度和心理刺激的差别构成了色彩之间的对比。

色彩对比有很多种类型。从色彩属性来划分，有色相对比、明度对比、纯度对比；从色彩的形象来分，有形状对比、面积对比、位置对比、虚实对比、肌理对比；从对比色的数量来区分，有双色对比、三色对比、多色对比、色相对比、色调对比；从色彩的空间和时间上区分，有同时对比和连续对比。恰当地处理好色彩之间的对比，能使纺织品图案的色彩绚丽夺目，风格变化多端（图3–10）。

对纺织品色彩设计影响较大的几种对比概括起来可以分为色彩属性对比、色彩冷暖对比、色彩综合对比、色彩同时对比、色彩面积对比和多色对比等方面。

色相对比是指由各色相的差别而形成的对比。色相对比在面料的色彩配合中是最丰富多变的，其效果也是最为明显的。从24色相环上来看，以某一色相为基准，该色相的不同明度和纯度的对比称为同种色相对比；相邻30°左右的作为同类色相

图3–10　对比色床品

（或者邻近色相）对比；相距60°左右的为类似色相对比；相距90°左右的为中差色相对比；相距120°左右的为对比色相对比；相距180°左右的为互补色相对比。

同类色、类似色和邻近色对比的对比差别小，称为色相的弱对比。色相弱对比的总体配色效果柔和、素静、雅致、大方，具有容易形成某种色相倾向的特点。30°范围内的色相搭配容易产生边界模糊的感觉，60°左右的色相搭配，感觉既柔和又有对比度。实际上同类色相对比是同一色相里的不同明度和不同纯度色彩的对比。这样的色相对比，色相感单纯、柔和、协调，无论总的色相倾向是否鲜明，调子都很容易统一调

图3–11　同类色床品

和。如果要增加同类色对比的明快感，可以在组合中加入一种与组合中某色呈强对比的色相，使弱对比与强对比交互使用，得到丰富的配色效果。邻近色相对比的色相感，要比同类色相对比明显、丰富、活泼，可以在一定程度上弥补同类色相对比的不足，具有统一、协调、单纯、雅致、柔和、耐看等优点（图3–11）。

中差色对比是介于色相强弱对比之间的中等色差对比，其配色效果较鲜明、活泼。对比色和互补色对比称为色相的强对比。色相强对比要比邻近色对比的色相感

鲜明、强烈、饱满、丰富。虽然这种对比不会产生单调的感觉，但是容易杂乱和过分刺激，使配色的倾向性不强，没有鲜明的个性。

由于色彩的明度不同形成的色彩对比称为明度对比。比如同一色彩，分别与黑色和白色搭配，通过对色彩的比较，可以发现与黑色搭配的色彩感觉会比较亮，而与白色搭配的色彩感觉会比较暗，这就是明度对比。明度对比分为三类，以九级明度标为例，从黑到白分别标记为低明度段、中明度段、高明度段。任意三级内为短调对比，八级以上的为长调对比，其余为中调对比。短调是近似明度的对比，也称为明度的弱对比；长调是对比明度的配色，也称为明度的强对比。在色彩配合中如果将整体明度范围，即高明度、中明度、低明度作为主色调，与局部明度对比，即与短调、中调、长调相组合，可以得到明度对比的九种基本色调，即高长调、高中调、高短调、中长调、中中调、中短调、低长调、低中调、低短调。这些色调表达的感情各不相同，如表3-1所示。

表3-1　色彩对比与效果

基调名称	主色调	对比色调	对比程度	视觉效果
高长调	高调区域	低明度色调	高调强对比	亮色调，清晰、明快、活泼、刺激
高中调	高调区域	中明度色调	高调中对比	亮色调，清晰、明快、活泼
高短调	高调区域	高明度色调	高调弱对比	亮色调，女性色调，轻柔、优雅
中长调	中调区域	高明度色调或低明度色调	中调强对比	中明度色调，男性色调，丰富、强壮、有力
中中调	中调区域	接近中明度的高明度色调或低明度色调	中调中对比	中明度色调，软弱、惰性、无力
中短调	中调区域	中明度色调	中调弱对比	中明度色调，含蓄、朦胧、清晰度低
低长调	低调区域	高明度色调	低调强对比	暗色调，反差大、刺激性强、深沉、压抑
低中调	低调区域	中明度色调	低调中对比	暗色调，沉默、保守
低短调	低调区域	低明度色调	低调弱对比	暗色调，低沉、抑郁、寂静

2. 织物色彩调和

织物色彩的对比是因为织物色彩的属性不同而产生的，也就是说织物的色彩与色彩之间存在差异；但是与此同时织物色彩与色彩之间还存在着相似关系，也就是通常所讲的调和关系，所有色彩的对比最终都要归结为色彩的调和。织物色彩调和表现为色彩秩序关系，在对比的前提下为寻求建立一种色彩秩序而进行的调和过程，这是织物色彩设计的主要手段；同时，织物色彩调和也使色彩的对比处于统一的关系中，在对比中求统一，在对比中求调和。

织物色彩设计的关键是正确处理色彩对比与调和的关系，只有协调好织物色彩的关系，才能产生织物色彩美的感受，好的调和是一种美，在调和中有对比，在对比中有调和。调和中的对比应该以调和为目的，常见的调和方法有类似调和、对比调和、推移调和、同一调和、重复调和（图3-12～图3-16）。

图3-12　类似调和

图3-13　对比调和

图3-14　推移调和

图3-15　同一调和

图3-16　重复调和

3. 织物配色技巧

在色织物色彩设计时，不同风格的产品有不同的设计方法，但就配色技巧而言，如何利用色纱色彩配置，从而产生纯度、明度渐变的多彩层次效果和点、线、面综合构成色彩效果是值得研究的。色彩的空间混合效应、色条色格的配色规律、花色线的合理应用等构成了织物特殊的色彩外观，赋予了织物独特的风格和使用空间。

第二节　家用纺织品色彩处理

一、色彩与家纺织物面料

家用纺织品常见的面料按照织物结构分为平纹面料、斜纹面料、提花面料、印花面料、缎纹面料、无纺布等；按照织物纤维可分为天然纤维面料、化纤纤维面料、再生纤维面料、无机纤维面料等；按照纱线类型可分为精梳纱面料、普梳纱面料等。在选择家纺面料的时候，一般首先考虑色彩，再从手感、吸湿性、撕破强度、耐磨性、个人喜好等方面进行对比选择。

一般情况下家纺用品通常使用棉麻织物、真丝织物、纱等。棉麻织物（图3-17）色彩设计在遵循形式美法则的基础上，能够实现丰富多彩的效果，整体呈现温暖、柔软和亲近感的视觉特征；浅色系棉织物呈现现代简约的风格，产品流露出轻巧、时尚的气质；深色呈现出古典风格，具有温暖、厚重、深沉的视觉特征，产品传递出一种古老、素雅和庄重的气质。真丝织物指蚕丝织物，包括桑蚕丝、柞蚕丝、蓖麻蚕丝、木薯蚕丝等。真丝被称为"纤维皇后"，以其独特的魅力自古以来便受到人们的青睐，在家用纺织品中占有很大比例。真丝织物光泽度良好，能够呈现珍珠般的光彩，因此真丝织物家纺往往呈现华丽、高雅、奢华的视觉特征（图3-18）。

图3-17　棉麻织物窗帘、沙发

图3-18　真丝织物窗帘

二、色彩与家纺织物纹样

　　织物纹样分连续纹样和单独纹样两类。连续纹样是以一个花纹为单位，向上、下或左、右两个方向或四个方向做反复连续排列。两个方向连续纹样简称二方连续纹样，常用于花边、床罩、台布框边等织物，四个方向连续纹样简称四方连续纹样，常用于床品、沙发面料或窗帘等。连续纹样又有几何形连续纹样（图3-19）、散点形连续纹样（图3-20）和缠枝连续纹样（图3-21）等。单独纹样（图3-22）是以一个花纹为独立单位，不与其他花纹发生连续排列关系的纹样。这些纹样的构成内容极为丰富，其中最基本的形式是以边缘轮廓纹样、角隅纹样和中心纹样综合而成，主要用于各种日用装饰性织物，如壁毯、床罩、枕巾等。当花纹对称时，可以只画二分之一，省去对称部分。根据花纹在纹样中的分布程度又可分为清地纹样（花纹占纹样面积约四分之一，其余为地纹）、满地纹样（花纹占纹样面积约四分之三）和混地纹样（花纹和地纹各占纹样面积二分之一左右）。

图3-19　几何形连续纹样窗帘

图3-20　散点形连续纹样床品

图3-21　缠枝连续纹样床品

图3-22　单独纹样窗帘

三、色彩与家纺织物风格

现代家纺市场产品丰富，风格多样。经典的时尚元素经过岁月的推敲打磨，变得更加璀璨耀眼；没有市场的过气元素经过重新设计包装又开始昂首挺胸地活跃在时尚舞台，证实自己从未离去；新兴的时尚元素则以后来者居上的姿态，在设计界展示着自己的独特魅力与夸张造型。目前，家纺市场的产品风格受色彩流行趋势影响，大致可以概括为后奢华风格、新古典风格、现代乡村风格、艺术感官风格、高科技风格、混搭风格等。

1. 后奢华风格

后奢华风格是艺术装饰风格（Art Deco）的延续，是对现代西方奢华风格的演绎。Art Deco风格的最主要特点是以黑色为主，因为这一风格产生之初使用的是非洲乌木，乌木大多是黑色或者深色的。如今烤漆工艺逐渐替代了乌木，使奢华的味道不再浓郁，整体的色调趋向平和。随着人们生活品位的提升和西方文化的侵袭，后奢华风格的拥护者变得越来越多，当今家纺市场将是后奢华风格演绎的舞台。近乎香艳的后奢华风格，给家赋予了一种难以言传的距离感，同时也迎合了一些高阶层人士的前卫品位（图3-23）。

2. 新古典风格

新古典风格并不是简单地对传统文化的复古，而是在现代装修风格中融入古典元素，是对19世纪以前的家居文化的一种追忆。新古典风格习惯将传统中式的"百宝格"进行演变，并融合西式简约的隔板结构，使产品既具有古典美的特性，又具有现代的设计思路。近几年，新古典风格成为备受家居设计界关注的宠儿，其奢华而富有文化气息、古典而带有现代精神的风格受到中产阶层的追捧。在未来家纺设计中，新古典风格将继续活跃在时尚舞台上，中式的亭台楼榭、欧式的迷你城堡都将成为设计师手下熠熠生辉的亮点（图3-24）。

图3-23　后奢华风格家纺

图3-24　新古典风格家纺

3. 现代乡村风格

现代乡村风格同样重视复古感觉，但却更接近法式或英式的乡村情调。色彩淡雅的仿旧地毯，缀有花草藤蔓图案的装饰柜，木质雕花屏风，古朴的灯塔式地灯，缀满亮片、珍珠的靠垫，以及湛蓝的纱质窗帘等饰品都将在未来家居装饰中大放异彩，曼妙妩媚的乡村情调将在家居空间中尽情倾泻。现代乡村风格的家居环境力求为主人营造恬淡浪漫的气氛，其清新自然的温馨格调能使人的心情瞬间变得轻松愉悦。现代乡村风格的家居设计多采用布艺装饰，经济、简便，同时便于更换。由于围城心理，生活在城市中的人们对乡村风格似乎一直很着迷，清新自然是它历久弥新的法宝。在未来的家纺设计中，以花朵图案为设计元素的家纺产品是体现现代乡村风格的最佳方式。各种艳丽的花朵都将在设计师的手中绽放，无论是妖艳的热带大花，还是细密的小碎花，都栩栩如生。这些花类图案将颠覆传统的设计理念，时而显得优雅，时而变得跳跃，让人们尽享花样岁月中的幸福和温馨（图3-25）。

4. 艺术感官风格

艺术感官风格是对非西方传统纹样的复古，它比较具象，主要体现在图案设计方面。比如在墙纸或布艺的图案设计中呈现出来的繁复、不规则的花色，这种图案看似凌乱难懂，但却体现出了另一种雅致自然的韵味。艺术感官风格的家居设计汲取了来自不同风格的艺术元素，不追求家居与人们的共鸣，不期待人们读懂它的底蕴，而是以强烈的存在感震撼着融入其中的人们，给人带来独特的艺术享受。该风格通常以艺术大师的作品作为家居设计的灵感，如梵高、毕加索等美术大师的著名作品。近几年，艺术感官风格的家居设计开始逐渐受到人们的关注，它不仅是许多前卫的艺术工作者的最爱，更成为一些年轻的中产阶层追求与众不同生活方式的符号。夸张就意味着不平和，因此也考验着每个实践者的神经。错综复杂的图案，让眼睛过度疲劳，但近几年的高端家居设计几乎都是围绕着艺术感官风格展开，并逐渐在家居设计中成为主流（图3-26）。

图3-25 现代乡村风格家纺

图3-26 艺术感官风格家纺

5. 高科技风格

高科技家居设计风格以科技感的处理手段，阐释未来主义的概念。设计中通常用一些铝制品、玻璃制品及烤漆玻璃制品元素相互搭配，营造出冰冷之感。强烈质感、闪光效果是科技主题永恒的设计手法，光影的运用是高科技家居设计的关键，强烈的光影对比、抽象迷离的图案、光晕效果和金属质感都能为家居设计增添一份未来感和时空感，给人带来强烈的视觉张力。高科技家居设计风格不仅关注外在表现力，同时也更侧重如何使室内空间的自然性、材料、湿度、温度等方面变得更为合理。高科技家居设计风格是随着信息化进程的不断加快而兴起的，它代表着人们的思维突破了时空的禁锢，跨越时尚与经典，将现代与传统完美融合。未来的家纺设计将突破传统和现代的边界，设计师的思维将不再受到任何约束。在织物的设计上打破常规的思维定式，打破程式化的框架，工艺和材质更强调创新与独特，它不是颠覆传统，而是对传统生活和文化艺术的承袭，更是对未来生活方式的一种探寻。在家纺图案的设计上，尝试用现代的手法来重新演绎经典的元素，或将光影带入经典元素，表现出亦古亦今的效果（图3-27）。

6. 混搭风格

混搭风格是将多种风格适度糅合，比如让中式、欧式、古典、现代等多种风格共处，有轻有重、有主有次，看似漫不经心，实则出奇制胜。混搭风格的家居设计灵感来自生活的各个方面，它将社会各个领域、各种文化元素糅合在一起，创造出新的审美情趣。跨界风格创造出的效果不追求天马行空，也不追求元素的堆积，而是追求浑然一体的整体效果。混搭是最容易实现的家居风格，它没有统一的模式，搭配手段也不断推陈出新。可以预见，这种风格将是一棵不会退出历史舞台的常青树（图3-28）。

图3-27 高科技风格家纺　　图3-28 混搭风格家纺

第三节　家用纺织品与流行色

一、家用纺织品配色手法

家用纺织品的色彩美，具有相对的性质。因此，它必须与使用者的生理、心理发生关系，才会有美感产生。家用纺织品的色彩美又是一个变化着的范畴，必然随着时代而"标新"与"立异"，追求美的多样性、丰富性。家用纺织品的色彩美还是一个环境范畴，只有与自然环境、室内环境、社会环境融合共生才能实现。

色彩的美感能给人精神、心理方面的享受，人们都按照自己的偏好与习惯去选择乐于接受的色彩，以满足各方面的需求。从狭义的色彩调和标准而言，是要求提供不带尖锐的刺激感的色彩组合群体，但这种含义仅提供视觉舒适的一方面。因为过分调和的色彩组配，效果会显得模糊、平板、乏味、单调，视觉可辨度差，多看容易使人产生厌烦、疲劳的不适感。但是色相环上大角度色相对比的配色类型，对人有强烈的视觉刺激，过分炫目的效果，更易引起视觉疲劳，而产生极不舒服的不适应感，使人心理随着失去平衡而显得焦躁、紧张、不安，情绪无法稳定。因此，在很多场合中，为了改善由于色彩对比过于强烈而造成的不和谐局面，达到一种广义的色彩调和境界，即色调既鲜艳夺目、对比强烈、生机勃勃，而又不过于刺激、尖锐、炫目，这就必须运用强刺激调和的手法。

1. 面积法

面积法是将色相对比强烈的两色面积反差拉大，使一方处于绝对优势的大面积状态，造成其稳定的主导地位，另一方则为小面积的从属性质。例如，中国古诗词里的"万绿丛中一点红"等。

2. 阻隔法

阻隔法又称色彩间隔法、分离法等。强对比阻隔在组织鲜色调时，在色相对比强烈的各高纯度色之间，嵌入金、银、黑、白、灰等分离色彩的线条或块面，以调节色彩的强度，使原配色有所缓冲，产生新的优良色彩效果。弱对比阻隔为了补救因色彩间色相、明度、纯度各要素对比过于类似而产生的软弱、模糊感觉，也常采用此法。例如，在使用浅灰绿、浅蓝灰、浅咖啡等较接近的色彩组合时，用深灰色线条作勾勒阻隔处理，能求得多方形态清晰、明朗、有生气，而又不失柔和、优雅、含蓄的色彩美感。

3. 统调法

在多种色相对比强烈色彩进行组合的情况下，为使其整体统一、和谐协调，往往使用加入某个共同要素而让统一色调去支配整体色彩的手法，称为色彩统调。统调法一般有三种类型，即色相统调、明度统调、纯度统调。色相统调在众多参加组合的所有色彩中，同时都含有某一共同的色相，以使配色取得既有对比又显调和的效果。例如，黄绿、橙、黄橙、黄等色彩组合，其中由黄色相统调。明度统调在众多参加组合的所有色彩中，使其同时都含有白色或黑色，以求得整体色调在明度方面的近似。例如，粉绿、血牙、粉红、浅雪青、天蓝、浅灰等色的组合，由白色统一成明快、优美的"粉彩"色调。纯度统调在众多参加组合的所有色彩中，使其同时都含有灰色，以求得整体色调在纯度方面的近似。例如，蓝灰、绿灰、灰红、紫灰、灰等色彩组合，由灰色统一成雅致、细腻、含蓄、耐看的灰色调。

4. 削弱法

削弱法是使原来色相对比强烈的多方，从明度及纯度方面拉开距离，减少色彩在同时对比下越看越显眼、生硬、火爆的弊端，起到减弱矛盾、冲突的作用，增强画面的成熟感和调和感。例如，红与绿的组合，因色相对比距离大，明度、纯度反差小，容易让人感觉粗俗、烦躁、不安。但分别加入明度及纯度因素后，情况会改变。例如，红+白=粉红、绿+黑=墨绿，它们组合后好比红花绿叶的牡丹，感觉变得自然生动美丽。

5. 综合法

综合法是指将两种以上方法综合使用。例如，黄与紫色组合时，用面积法使黄面小、紫面大，同时使黄中调入白色，紫中混入灰色，则变成淡黄与紫灰的组合，感觉既有力又和谐，这就是同时运用了面积法和削弱法的结果。

二、家纺用品色彩形式美法则

1. 色彩平衡

色彩平衡可通过色彩对称实现。对称是一种形态美学构成形式，有左右对称、放射对称、回旋对称等。在中心对称轴左右两边所有的色彩形态对应点都处于相等距离的形式，称为色彩的左右对称，其色彩切合形象如通过镜子反映出来的效果。按照一定的角度将原形置于点的周围配置排列的形式，称为色彩的放射对称。回转角作180°处理时，两翼呈螺旋桨似的形态被称为色彩的回旋对称。对称是一种绝对的平衡。色彩的对称给人以庄重、大方、稳重、严肃、安定、平静等感觉，但也易产生平淡、呆板、单调、缺少活力等不良印象。

色彩平衡还可通过色彩均衡实现。均衡是形式美的另一构成形式，虽非对称状态，但由于力学上支点左右显示异形同量、等量不等形的状态及色彩的强弱、轻重等性质差异关系，表现出相对稳定的视觉生理、心理感受。这种形式既有活泼、丰富、多变、自由、生动、有趣等特点，又有良好的平衡状态，因此，最能适应大多数人的审美要求，是选择配色的常用手法与方案（图3-29）。色彩的平衡还有上下平衡及前后均衡等，都要注意从一定的空间、立场出发做好适当的布局调整。

图3-29　色彩均衡的面料

当色彩布局没有取得均衡的构成形式时，称为色彩的不均衡。在对称轴左右或上下显示色彩的强弱、轻重、大小存在着明显的差异，表现出视觉生理及心理的不稳定性。由于它有奇特、新潮，运动感、趣味性十足等特点，在一定的环境及方案中可大胆应用而被人们所接受和认可，称为"不对称美"。但若处理不当，极易产生倾斜、偏重、怪诞、不安定、不大方的感觉，被认为是不美的。色彩不均衡设计，一般有两种情况，一是形态本身具有对称性，而色彩布局不对称，如马戏团的半白半黑小丑装；另一种形态本身呈不对称状，如欧美左右不对称的袒露单肩、半胸的夜礼服；还有上下不对称的手法。

2. 色彩比例

色彩比例是指色彩组合设计中各部分，如局部与局部、局部与整体之间，长度、面积大小的比例关系。它随形态变化、位置空间变换的不同而产生，对于色彩设计方案的整体风格和美感起着决定性的作用（图3-30）。常用的比例有等差数列、等比数列、斐

波那契数列、贝尔数列、柏拉图矩形比、
平方根矩形数列、黄金分割等。

　　黄金比例，即1：1.618为其简约比
数，在实际运用中通常将色彩比例关系处
理为2：3、3：5、5：8等序列。非黄金
比例的色彩面积有大小、主次之分的配
合，也被认为是富有对比情趣而值得采用
的。因为只有当一方处于大面积优势地
位，另一方处于小面积从属状态时，才能
形成色调的明确倾向，表现出对比美的和
谐感觉。

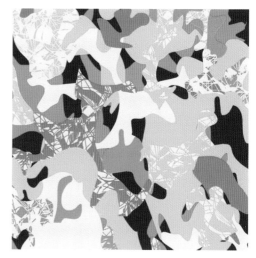

图3-30　色彩比例协调的面料

3. 色彩节奏

　　色彩节奏即明显带有时间及运动特征，能感知有规律地反复出现的强弱及长短变
化，是秩序性形式美的一种。通过色彩的聚散、重叠、反复、转换等，在色彩的变更、
回旋中形成节奏、韵律的美感。一般有重复性节奏、渐变性节奏、多元性节奏三种形
式。重复性节奏通过色彩的点、线、面等单位形态的重复出现，体现秩序性美感
（图3-31）。简单的节奏有较短时间周期和重复达到统一的特征，适宜机械和理性
的美感。渐变性节奏将色彩按某种定向规律作循序推移系列变动，它相对淡化了
"节拍"意识，有较长时间的周期特征，形成反差明显、静中见动、高潮迭起的闪
色效应。渐变性节奏有色相、明度、纯度、冷暖、补色、面积、综合等多种推移
形式。多元性节奏由多种简单重复性节奏组成，它们在运动中的急缓、强弱、行
止、起伏也受到一定规律的约束，亦可称为较复杂的韵律性节奏。其特点是色彩运
动感很强，层次非常丰富，形式起伏多

图3-31　色彩节奏感面料

变。但如处理、运用不当，易出现杂乱无章的"噪色"不良效果。

4. 色彩呼应

色彩呼应亦称色彩关联，为使用同一或相关平面、空间不同位置的色彩，相互之间有所联系避免孤立状态，采用"你中有我，我中有你"相互照应、相互依存、重复使用的手法，从而取得具有统一协调、情趣盎然的反复节奏美感。色彩呼应手法一般有分散法、系列法两种，分散法是将一种或几种色彩同时出现在作品画面的不同部位，使整体色调统一在某种格调中，如浅蓝、浅红、墨绿等色彩组合，浅色作为大面积基调色，深色作为小面积对比色，成为粉彩的高长调类型。此时，墨绿色最好不要仅在一处出现，除相对集中以外，可适当在其他部位做些呼应，使其产生相互对照的势态。但色彩不宜过于分散，以免使画面出现平板、模糊、凌乱、累赘之感。系列法是使一个或多个色彩同时出现在作品、产品的不同平面与空间中，组成系列设计，能产生协同、整体的感觉（图3-32）。

图3-32 色彩呼应的面料

三、家用纺织品流行色

家用纺织品流行色与社会上流行的事物一样，流行色是一种社会心理产物，它是某个时期人们对某几种色彩产生共同美感的心理反应。所谓流行色，就是指某个时期内人们的共同爱好，带有倾向性的色彩。流行色是家纺产品流行的风向标，掌握了流行色的风舵，就能引领潮流方向。目前流行色的标准在中国被广泛应用的领域较少，时尚消费行业更亟待流行色的创新应用。

1. 流行色与家纺用品

流行色与家纺产品的面料、款式等共同构成"家纺美"。对于大多数人来说，流行色是一个时尚的名词。其实流行色更像是一种趋势和走向，它是一种与时俱变的颜色，其特点是流行最快而周期最短。流行色不是固定不变的，常在一定期间演变，今年的流行色明年不一定还是流行色，其中有可能有一两种颜色会被其他颜色替代（图3-33）。

流行色是相对常用色而言的，常用色有时上升为流行色，流行色经人们使用后也会成为常用色。例如，今年是常用色，到明年又有可能成为流行色，它有一个循环的周期，但又不是同时发生变化。这是因为不同的国家、地区和民族都有自己的传统和习惯，每个人又有着不同的喜好或偏爱。这些传统、习俗和喜好都会在家纺产品色彩上有所反映，完全没有必要因追求流行而抛弃这一切。一般而言，家纺产品的基本色在家纺中所占的比重较大，而流行色所占的比重较小，所以每年制定下一个年度的流行色时，常常是选用一两种流行色与家纺的基本色一起搭配，这样可使家纺的颜色既保持自我又跟上时代的步伐与潮流。

图3-33 2024年红色系流行色

2. 流行色的预测

对于流行色的预测，每年都有一大批来自世界各地的流行色专家，他们携带各种提案聚集到法国巴黎，共同商量下一年度每季的流行色提案。每一组流行色都有其灵感来源，热带雨林、碧海蓝天、阳光、唐三彩等。他们调查研究消费者上一季度采用最多的颜色，并注意找出哪些是较新出现的、有上升势头的颜色。大家分析消费者的心理与对颜色的喜好，并窥探消费者的内心，猜测在下一季度的政治、经济和社会形势下，消费者会喜欢什么颜色，在充分讨论和分析的基础上，投票决定下一季度的流行色。由此可见，消费者既是流行色的流又是源。专家所做的是归纳总结和分析，这种预测的流行色可使飘荡在生活与感觉中的流行色、或印在纸上的流行色，为家纺企业提供信息，及时生产出人们喜欢的流行色家纺商品。

3. 流行色的区域、民族性

各个国家、各个民族由于社会、政治、经济、文化、科学、艺术教育、传统生活习惯的不同，人们在气质、性格、兴趣、爱好方面也不尽相同，对色彩也会有偏爱。例如，红色在中国和东方民族中，象征喜庆、热烈、幸福，是传统节日的颜色；黄色是最明亮光辉的色彩，因此，黄色象征光明和高贵，有超然的趣味，在中国封建社会里，它被帝王所专用。在古罗马，黄色也作为帝王的颜色而受到尊崇。

思考与练习

    1. 举例说明家用纺织品色彩搭配规律体现在哪些方面？

    2. 根据家用纺织品色彩处理法则，对你所在区域家纺市场进行以色彩为主题的调研。

    3. 思考如何把握流行色，并将其与家纺设计相结合。

第四章

家用纺织品设计流程

● **本章要点**

1. 家纺设计市场调研

2. 家纺设计流程

3. 波普图案的特征

● **本章学习目标**

1. 掌握家纺设计调研方法

2. 掌握家纺设计流程

3. 了解家纺产品创意文案

第一节 家用纺织品市场调研

家用纺织品作为消费型商品，具有以下特征：消费者人数众多，但是需求差异很大；消费者购买数量一般较少，但是品种较多；购买者缺乏相关专业知识，一般凭个人情感和经验进行决策；购买渠道分散，中间环节较多；受广告、展销、促销等营销策略影响较大。因此，在开发设计家用纺织品时，要系统地、有目的地、科学地、广泛地进行市场调研和预测，帮助设计师确定设计方向和企业决策者更好地决策设计生产。

一、市场调研的类型

1. 探索性调研

探索性调研是为了使问题更加明确而进行的小规模的调研活动，这种调研特别有助于将一个大而模糊的问题表达为小而准确的子问题，并识别出需要进一步调研的信息。例如，一家家纺设计公司的市场份额降低了，公司无法——查出原因，这个时候应用探索性调研来发现问题，市场份额的降低是经济环境的影响，是广告效果的影响，是销售渠道的影响，还是消费者购买习惯改变的影响。总之，探索性调研具有灵活的特点，适合调研一些知之甚少的问题。

2. 描述性调研

描述性调研是一种常见的项目调研，是指对所面临的不同因素、不同方面现状的调查研究，其资料数据的采集和记录，着重于客观事实的静态描述。大多数的市场营销调研都属于描述性调研。例如，市场潜力和市场占有率，产品的消费群结构，竞争企业的状况的描述等。在描述性调研中，可以发现其中的关联因素，但是此时我们并不能说明两个变量哪个是因、哪个是果。与探索性调研相比，描述性调研的目的更加明确，研究的问题更加具体。

描述性调研，正如其名，处理的是总体的描述性特征。描述性调研寻求对"谁""什么""什么时候""哪里"和"怎样"这样一些问题的回答。不像探索性调研，描述性调研基于对调研问题性质的一些预先理解。尽管调研人员对问题已经有了一定理解，但对决定行动方案必需的事实性问题作出回答的结论性证据，仍需要收集（图4–1）。

图4–1　描述性调研

3. 因果性调研

因果性调研指为了查明项目不同要素之间的关系，以及查明导致产生一定现象的原因所进行的调研。通过这种形式调研，可以清楚外界因素的变化对项目进展的影响程度，以及项目决策变动与反应的灵敏性，具有一定程度的动态性。因果关系调研的目的是找出关联现象或变量之间的因果关系。描述性调研可以说明某些现象或变量之间相互关联，但要说明某个变量是否引起或决定着其他变量的变化，就要用到因果关系调研。因果关系调研的目的就是寻找足够的证据来验证这一假设。

二、市场调研的基本要求

在进行市场调研时，要端正指导思想，要树立为解决实际问题而进行调研的思想，牢记一切结论产生于调研结果。注意防止出于未来某种特殊需要，根据内定的因子，带着事先想出的观点和结论，然后去寻找合适的素材来印证的虚假调研。

调研要如实反映情况。对于调研出来的结果，要实事求是。调研要选择有效的方法。无论采用什么调研方法，都要综合考虑调研的效果、人力、物力、财力的可能性以及时间的限制。对于某些调研项目，往往需要同时采用多种不同的调研方法，比如涉及消费行为的调研，就需要采用访问法、观察法等多种调研方法。

调研要安排适当的场所。调研的时间和地点要以被调研者为前提，充分考虑被调研者是否便利，是否能够吸引被调研者的兴趣等。调研过程要注意控制误差，因为影响市场的因素十分复杂，调研过程难免产生误差，但是应将调研误差控制在最低限度，尽量保持调研结果的真实可靠。

在调研中与被调研者沟通时，要掌握谈话技巧，调研人员的口吻、语气和表情对调研结果会产生很大的影响。此外，调研者还需注意仪表和举止，一般来讲，调研者要衣着整洁、举止得体、平易近人，能够与被调研者互相贴近。此外要遵守调研纪律，要尊重被调研者的主观意愿，尊重市场风俗习惯，要注意调研资料的保管和保密（图4–2）。

图4-2　调研人员

三、市场调研的内容

1. 市场宏观环境调研

　　市场的宏观环境包括政治环境、法律环境、经济环境、社会文化环境、科技环境、地理气候环境等。政治环境是指企业生产设计的外部政治形势。政治环境的调研主要是为了了解对市场产生影响和制约的国内外政治形势以及国家管理市场的有关方针政策。就法律环境而言，世界上许多发达国家都十分重视经济立法并严格执行，我国作为发展中国家，也正在加速向法治化国家迈进，先后制定了合同法、商标法、专利法、广告法、环境保护法等，这些法律都对企业设计生产活动产生了重要的影响。经济环境的调研从生产、消费两个方面着手，生产方面要注意调研能源和资源、交通、产业结构等；消费方面要了解调研对象的收入水平、消费水平、物价水平、物价指数等内容。社会文化环境在很大程度上决定着人们的价值观念和购买行为，影响着消费者购买产品的动机、种类、时间、方式乃至地点。经营活动必须适应消费者的文化和传统习惯，才能被调研者接受。要及时了解新技术、新材料、新产品、新能源的发展情况，国内外科技的发展水平和发展趋势，本企业所涉及的技术领域和发展情况，产品质量检验指标和标准等，这些因素都属于对科技环境的调研。同时，因各个国家、地区的地理位置不同，气候和其他自然条件不同，所以应该注意地区条件、气候条件、季节因素和使用条件的调研。

2. 市场微观环境调研

在市场经济条件下，购买力是决定市场容量的主要因素，是市场需求调研的核心，此外由于市场是由消费者构成的，所以只有对消费者人口状况进行研究，对消费者各种不同的消费动机和行为进行把握，才能更好地为消费者服务，开拓市场新领域。市场微观环境的调研包括社会购买力总量及其影响因素调研、消费者人口状况调研、消费者购买动机和行为调研、市场供给调研、市场营销活动调研等。

（1）社会购买力及其影响因素调研包括两个方面：社会购买力总量及其影响因素调研，购买力投向及其影响因素调研。

（2）消费者人口状况调研包括五个方面：人口数量、人口结构、人口分布、家庭组成、教育与职业。

（3）消费者购买动机和行为调研包括四个方面：消费者何时购买、消费者何处购买、谁负责购买、如何购买。

（4）市场供给调研包括三个方面：商品供给来源及影响因素、商品供给能力、商品供应范围。

（5）市场营销活动调研包括两个方面：

①竞争对手状况调研。竞争对手状况调研包括竞争对手的基本信息、产品及价格策略、竞争策略、营销策略、财务状况等方面的调研。

②产品调研。产品调研包括产品实体、产品包装、产品生命周期的调研。

四、市场调研方法

1. 问卷调研法

问卷又称调查表，是社会调查研究中收集资料的一种工具，其形式是以问题的形式系统地记载调查内容的一种印件，其实质是为了收集人们对于某个特定问题的行为态度、价值观点或信念等信息而设计的一系列问题。问卷调研也称问卷法，是设计者运用统一设计的问卷向被调研者了解情况或征询意见收集信息的调研方法（图4-3）。

图4-3 问卷调研

当一个研究者想通过社会调查来研究一个现象时（比如什么因素影响顾客满意度），可以用问卷调研收集数据，也可以用访谈或其他方式收集数据。问卷调研假定研究者已经确定所要问的问题，这些问题被打印在问卷上，编制成书面的问题表格交由调研对象填写，然后收回整理分析，从而得出结论。

　　问卷调研根据载体的不同，可分为纸质问卷调研和网络问卷调研。纸质问卷调研就是传统的问卷调研，调研公司通过雇佣工人来分发这些纸质问卷，以回收答卷。这种形式的问卷存在一些缺点，分析与统计结果比较麻烦，成本比较高。而网络问卷调研，就是用户依靠一些在线调研问卷网站，这些网站提供设计问卷、发放问卷、分析结果等一系列服务。这种方式的优点是无地域限制，成本相对低廉，缺点是答卷质量无法保证。目前国外的调查网站surveymonkey提供了这种方式，而国内则有问卷网、问卷星、调查派提供这种方式。

　　按照问卷填答者的不同，问卷调研可分为自填式问卷调研和代填式问卷调研。其中自填式问卷调研，按照问卷传递方式的不同，可分为报刊问卷调研、邮政问卷调研和送发问卷调研；代填式问卷调研，按照与被调研者交谈方式的不同，可分为访问问卷调研和电话问卷调研。这几种问卷调研方法的特点，可简略概括如表4-1所示。

表4-1　几种问卷调研方法的特点

问卷种类	调研范围	调研对象	影响因素	回复率	回答质量	投入人力	调查费用	调查时间
报刊问卷	很广	不易控制和选择，代表性差	无法了解、控制和判断	很低	较高	较少	较低	较长
邮政问卷	较广	有一定的控制和选择，回复率不能保证	难以了解、控制和判断	较低	较高	较少	较高	较长
送发问卷	窄	可控制选择，但被调研对象过于集中	有一定了解、控制和判断	高	较低	较少	较低	短
访问问卷	较窄	可控制选择，代表性较强	便于了解、控制和判断	高	不稳定	多	高	较短
电话问卷	可广可窄	可控制选择，代表性较强	不太好了解、控制和判断	较高	很不稳定	较多	较高	较短

　　问卷调研是一种发掘事实现况的研究方式，最大的目的是搜集、累积某一目标族群的各项科学教育属性的基本资料，可分为描述性研究及分析性研究两大类。在决定是否采用问卷法作为研究工具时，应考量是否能顺利达成研究目标以及注意研究样本在问卷上的配合度，另外，问卷调研也有其优缺点，检视其特性配合研究主题，方能达成其目标。

2. 实地调研法

实地调研法，是应用客观的态度和科学的方法，对某种社会现象，在确定的范围内进行实地考察，并搜集大量资料以统计分析，从而探讨社会现象的调查方式。实地调研在传播研究范围内，研究分析传播媒介和受传者之间的关系和影响。实地调研的目的不仅在于发现事实，还在于将调研经过系统设计和理论探讨，并形成假设，再利用科学方法到实地验证，并形成新的推论或假说。

实地调研法有现场观察法和询问法两种。现场观察法是调研人员凭借自己的眼睛或借助摄像器材，在调研现场直接记录正在发生的市场行为或状况的一种有效的收集资料的办法。其特点是被调研者是在不知晓的情况下接受调研的。现场观察法又可分为直接观察法和环境观察法。直接观察法，就是在现场凭借自己的眼睛观察市场行为的方法。环境观察法，就是以普通人的身份对调研对象的所有环境因素进行观察以获取调研资料的方法。

询问法，是指将所调研的事项，以当面电话或书面的形式向被调研者提出询问，以获得所需的调研资料的调研方法。这是一种最常用的市场实地调研方法，也可以说是一种特殊的人际关系或现代公共关系。正因如此，调研人员应该清楚地认识到通过调研不仅要收集到调研所期望的资料，还要在调研中给被调研对象留下良好的印象，树立公司的形象，如有可能应该将被调研者作为潜在用户加以说服。询问法包括直接访问法、堵截访问法、电话访问法、CATI法（计算机辅助电话调查）、邮案方法、固定样本调查法。

3. 网络调研法

网络调研法也叫网上调研法，泛指在网络上发布调研信息，并在互联网上收集、记录、整理、分析和公布网民反馈信息的调研方法。它是传统调研方法在网络上的应用和发展。这种企业利用互联网了解和掌握市场信息的方式，与传统的调研方法相比，在组织实施、信息采集、调查效果方面具有明显的优势。

网络调研法是通过互联网、计算机通信和数字交互式媒体，按照事先已知的被调研者的E-mail地址发出问卷收集信息的调研方法。网络调研的大规模发展源于20世纪90年代。网络调研具有自愿性、定向性、及时性、互动性、经济性与匿名性。

网络调研的优点：组织简单、费用低廉、客观性好、不受时空与地域限制、速度快。网络调研的缺点：网民的代表性存在不准确性、网络的安全性不容忽视、受访对象难以限制。网络调研法是一种新兴的调查方法，它的出现是对传统调研方法的一个补充，随着我国互联网事业的进一步发展，网络调研将会被更广泛地应用（图4-4）。

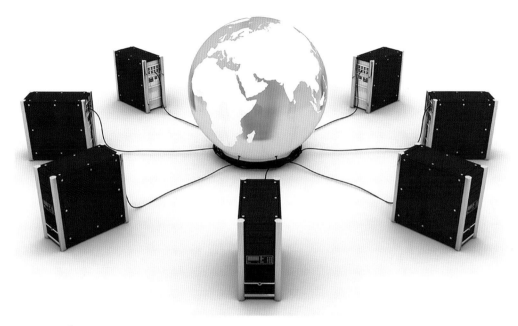

图4-4　网络调研

第二节　家用纺织品设计流程

家用纺织品设计开发流程是指发生在家纺企业内围绕新产品开发而展开的一系列活动及其之间的相互关系。这个过程是从各种信息资源和顾客需求入手，经过产品设计构思、产品样品试制、市场信息反馈，确定最终产品，其中包括穿插在整个过程中的沟通、调整与决策环节。

一、设计准备

1. 人力资源准备

在人力资源准备阶段，企业应根据设计团队的现有状态，总结上一个流行季度的产品情况，以人尽其才为基本原则，适当调整、补充设计队伍的人员构成情况。无论是新加入的设计师，还是继任设计师，不论他们的职位高低如何，也不论各自的设计业绩、设计经验如何，企业都应该尽最大可能为设计师创造好的发展机会，营造良好的利于设计工作的人文环境，调整好设计师的心态，帮助设计师以最饱满的工作热情投入到新产品的设计开发工作中来。

2. 信息资源准备

在信息资源准备阶段，要收集各种对设计必需和有利的外界信息，为产品企划提供依据。市场信息是现代商业取胜的关键情报，包括各种流行资讯、面料信息、花型趋势、行业动态等。收集的信息应该细化，如市场信息包括竞争对手信息、目标品牌信息、参照品牌信息等。信息资源的搜集至关重要，收集工作应该全面、准确地展开，排除虚假和无用信息。严格来说，信息资源的搜集工作应该在产品企划之前完成，但是企划工作完成后的信息资源搜集将会进一步提高信息搜集工作的准确性和高效性，在实际设计过程中，可同时开展这两项工作。

信息资源可以从市场调研获得。一种市场调研是指以卖场为核心的终端市场调研，主要为了了解产品销售情况。这种调研工作一般需要在某一季产品设计的前一年开始；另一种调研是在消费者中间展开的消费者需求调研，通过调研获取市场产品的不足以及新的市场需求等信息资源。信息资源的获取也可以通过专业的信息咨询公司或平台完成。例如，专门的家纺网站所公布的信息，这些信息一般是专业研究机构的研究成果，一般会以有偿使用的方式，通过网络形式发布和传播。网站信息资源为企业产品开发提供了一条快捷、高效的信息资源获取渠道。此外，专业咨询信息资源还可来源于家纺杂志、家纺报纸等。与此同时，还可以通过同行间的信息共享获取资源，这类信息来源于行业内部，掌握同行产品开发信息，为本企业产品开发提供策略参考。因为新产品开发属于企业的商业机密，企业一般都会采取措施保证信息的安全，所以获得这类信息的难度较大。

信息资源准备阶段，要保证有效信息的来源，明确应该得到什么信息，保证得到的信息真实、可靠、权威。要清晰地抓住信息要点，在信息数量基础上，把握信息质量，从大量信息中精挑细选有效宝贵信息。要正确地评价信息的价值，可以从信息来源角度、功能角度、价值取向、时效角度等方面进行评价。同时，通过碎片整理、信息对照、重点标注、定义求证等方式对信息资源进行提炼，保证信息资源的有效可用。

3. 其他资源准备

除了人力资源和信息资源，企业在开发新产品时还需要很多的其他资源。例如，机器设备、消耗材料、办公环境等硬件资源。良好的硬件资源是设计开发流程顺利进行的重要条件，在新产品设计开发过程中，企业务必在硬件资源上花费精力，用良好的物质条件催生设计师的产品创新灵感，以完美的硬件资源换回引领市场风向的新产品。

二、设计企划

设计师在一定的指令下完成的有目的的组织行为，设计任务是多种多样的，在面对品牌家纺设计任务时，设计师会因为企业背景的差异或服务方式的异同而接收不同类型、不同难度的设计任务。不管设计师接受什么样的任务，对设计任务进行分析是必要的。家纺设计往往被认为只是确定色彩、面料、款式等图形化的工作，其实这是对家纺设计的不完整理解，其中设计企划工作只是设计工作的一部分，是正式进入人们所认为的设计工作之前的重要内容。

1. 分析设计任务

在家纺设计工作中，不管是新手设计师，还是上阶段继任设计师，企业都会在下一季度设计工作开始之前，将下季度设计工作任务非常明确地传达给相关设计师。在接受设计任务之后，设计师应该仔细分析设计任务，将任务书进行分解量化，找出设计难点、寻求团队协助，落实包括企业内外的协作人员、协作单位及市场流行信息等手头可以利用的资源，把握设计任务与时间节点的关系，并将不可预计的因素考虑在内，才能使整个设计工作有条不紊地展开。

企划部门在下达设计任务之前应该召开产品企划说明会议，便于各协同部门达成共识。由于设计任务的不同，展开设计工作的方式也会不同。有些企业的商品企划部门力量雄厚，操作程序规范，其下达的任务非常清晰，甚至会包括产品的框架，这样能够减轻设计师的工作量，也符合品牌家纺设计的工作特点。而有的公司则下达一个相当笼统的设计任务，设计师接受任务后一切都要从头开始，甚至需要担当商品企划的职能，这样无形中增加了设计师的工作量。在企划说明会议上，企划部门可以提出要求产品呈现哪种风格，并同时提供一些具体的图片资料或者对应品牌名称等详细信息。企划部门也可以提出一些设计卖点，设计部门必须尽力将企划部门抽象的设计卖点展现出来，因此对设计任务的分析和沟通在产品设计开发中十分重要。

2. 制定设计计划

企划在正式展开产品设计之前，必须做一个完整的、可行的设计计划，主要包括时间节点和工作分工两部分的工作内容。时间节点是一个很抽象和应用很广泛的概念，通俗地说就是某个大环境中的一个点或者一段，好比公交车线路中的一个站台。比如在工期计划，或者工作计划等里面体现较多。以工期计划为例，时间节点可以代表工程的某个阶段或者某个里程碑的点，而此阶段或这个里程碑之前的工作需要在某个时间之前完成，这就是工程中经常提到的时间节点。家纺行业也是一样的，譬如某家纺产品的设计开发工作需要在某时完成，生产工作需要在某时完成，销售推广需要在某时完成等，都是时间节点。

工作分工是指将整个工作按照时间节点的要求进行工作任务与承担人员的分解与落实。由于家纺设计工作是一项团队配合紧密的系统工作，需要一定的岗位配合以及具体工作人员配合，虽然每个企业内部人事结构有所不同，但是岗位要求是基本一致的，所以务必保证各个岗位和相应人员明确分工，严格按照时间节点完成规定的工作内容，如表4-2所示。

表4-2 设计分工示意表

阶段	6月15日—6月30日	7月1日—7月31日	8月1日—8月15日
分析设计任务	○		
制定设计计划	○	○	
确定设计元素		○	
推出设计方案			○

3. 确定设计元素

产品设计开发的最后结果是由设计师将相关的设计元素按照设计需求进行有效的集结。在了解企业产品结构和设计风格的基础上，按照企业发展战略中对本企业设计元素的使用规则和调整比例要求，对设计元素进行整合利用；同时通过市场调研和流行预测等渠道，融入新的设计元素，再精心选择与产品设计任务匹配的有效设计元素，通过讨论和论证后确定该季度产品的主要设计元素和点缀设计元素。设计部门要能站在一定高度，对该季度产品进行全局把握，从品牌整体形象的角度出发，考虑系列产品在卖场里的出样效果和各个系列之间的联系。

4．推出初步设计方案

在完成上述工作的基础上，设计部门应该进入确定初步设计方案的程序。在这个过程中，设计师应该有限地要求企业为其创造一些提升设计品种的客观条件，争取主动的工作状态。初案是为各个部门之间讨论使用的，所以它被允许存在一定的不成熟现象，同时为了节约成本，其表现形式也不需要过于完美。初案的形成一般是在设计初期，有比较充裕的酝酿时间，在设计元素的斟酌、市场信息研究、设计思维拓展等方面可花精力反复推敲。

三、设计方案确定

设计方案的主要工作内容是指根据产品企划，细化下一销售季节产品设计的详细情况，包括产品的产品框架、设计主题、系列划分、色彩感觉、造型类别、面料种类、图案类型等设计元素的集合情况，制定一些设计规则，使产品企划转化为设计稿的中间环节，目的是为设计具体的款式提供更加明确的方向。

1．设计方案审查

设计方案在送交企划部门和营销部门之前，必须进行内部审查。由于设计师之间相互交流比较方便，设计主管可以根据时间进度、任务内容、人力资源情况等，适时在设计部门沟通商讨，将出现的问题内部解决。审查形式不拘一格，可以是完整方案的讨论，也可以是一个细节的研究。经过审查以后，落实确定最终的设计方案。

2．设计方案完善

在方案审查中和方案审查后，要采纳有效可行的修改意见，完善所有待定的设计细节，不能再犹豫徘徊。设计师往往希望其工作结果能够赢得所有人的肯定，在设计初稿阶段会留下很多不确定的细节设计部分供团队评判，但是设计工作永远没有最终的统一。因此设计师要有果断作风，充分利用讨论结果商定的设计元素，尽快完善和深入细节设计，提高设计效率。

3．选择恰当的表现形式

最终设计方案应该能够让设计团队以及其他人员清晰简便地看懂一切设计内容，只要企业内部人员能够愉快欣然地接受，至于使用手绘稿还是使用机绘稿，应该用多大的幅面，用什么材料表现，这些都不重要。目前大多数企业都是采用计算机设计软件绘制设计画稿，这样的方案整洁清晰，便于复制、储存和修改。

第三节 家用纺织品创意文案

创意文案主要是将广告作品的表现及形式用完整的文字表达出来，其中除了产生画面的构想外，还包括广告语言的表现内容（如平面的标题、引文、正文、随文、广告语等，影视的音效、旁白、字幕、广告语等）。其中至关重要的就是新颖的创意和传神的文字表现。而这些智慧的闪光绝对不是拍一下脑门就能出来的，这中间包括了很多内容，比如通过各个层面，特别是利用SWOT分析法深入理解，从而找出项目的核心优势；把握目标消费群的心态；掌握宏观政策及大市场对项目的影响；策划人员和设计人员要保持密切联系，随时沟通；搜集市场上类似产品的文案及创意，力求全面加以突破（图4-5）。

图4-5 富安娜品牌

一、品牌故事

品牌的竞争归根结底是品牌文化的竞争，而品牌文化的重要组成部分就是品牌故事。几乎每一个著名品牌都有令人感慨的品牌故事，经过艺术加工，一些故事便会拥有神话般的光环，有意无意地被渲染上传奇色彩。

1. 品牌故事的含义

品牌故事是指以记载了往事、古迹、典故、花絮等品牌发展历史或品牌倡导的文化精神为素材，以特定的故事形式或者其他有一定显示度的方法展现品牌文化的特殊载体。品牌故事侧重于品牌发展过程或者某个事件的描述，强调情节，阐发品牌文化价值观，是品牌文化具象的表现。品牌理念的展开便是围绕品牌故事开始的，品牌故事可以是自然形成的，也可以是人为编撰的，其目的是将品牌理念、设计思路等形象化，给人留下鲜活的品牌印象，展示品牌文化，借此推广、宣传品牌。

2. 品牌故事的特点

品牌故事是虚拟与真实并存的。品牌故事需要真实素材，但是对真实素材进行艺术加工也是必不可少的，否则会欠缺艺术感染力。品牌故事是媒体与题材相宜的，品牌需要通过什么样的媒体传播，就需要制定什么样题材的故事。例如，动态画面适合广播电视，故事板适合展览会，口述适合访问等。品牌故事是简练与生动结合的，最终呈现给消费者的品牌故事并不需要事实般的严谨，普通消费者没有时间和足够的兴趣去了解一个品牌冗长枯燥的发展历程。

3. 品牌故事的作用

品牌故事是激励斗志的图腾。由于品牌故事注重品牌历史的沉淀和品牌精神的倡导，所以这种赋予产品文化的形式和内涵的特征，使品牌文化摆脱了抽象符号而形成一个有形的图腾。品牌故事是品牌传播的符号，品牌消费是一种符号消费，一个神奇的品牌符号足以成为某些消费者追求的目标，同时能够为产品的品牌标识带来象征意义。品牌故事还是产品系列策划的依据，品牌故事和品牌风格具有高度的一致性，因此品牌故事对设计工作有很大的指导意义。

4. 品牌故事的题材

品牌故事的内容丰富多样，形式灵活生动，没有也不应该有固定的范围和格式，无论选择什么样的题材，都离不开一定的人文背景。品牌故事的取材主要可以通过家族轶事、家族纹样、品牌发展历史、品牌主要制造材料、公众人物、民族风俗等来展开。

5. 品牌故事的塑造

品牌故事不需要每年翻新，它是相对稳定的，尤其是历史悠久的品牌，其自然形成的历史性故事是不宜变更的。相对而言，新生品牌则可以有更大的创造空间，依靠制造故事而吸引消费者的眼球。品牌故事的塑造要围绕提炼题材、虚实结合、重点突出、强调视觉、裁剪片段的原则展开。品牌故事一般通过文字题材故事、图片题材故事、影像题材故事、实物题材故事等方法进行塑造。

二、系列主题

品牌家纺以系列产品的形式推向市场，系列产品要符合品牌形象，具有明确的主题、集中的风格。一般而言，品牌家纺的产品系列比较固定，往往以产品分类方法或者产品类别作为其代名词，比如床品系列、窗帘系列、地毯系列、坐卧具系列等。系列的并列代表了产品的结构，有多少个系列就要多少种产品大类。为了方便产品开发和流行热点描述，产品系列往往还有一个比较形象化的名称，即系列主题，如"午夜梦回""渔舟唱晚""大漠风情"等（图4-6）。

图4-6 儿童系列主题家纺

1. 系列主题的含义

系列主题是指通过某种艺术形式表现出来的，蕴含在产品系列中的主要设计思想和设计灵感。作为品牌家纺设计思维的概念性表达，系列主题还有题材的概念，均反映了设计诉求的取材来源和意欲表达的设计效果，比如"激光"主题、"青春"主题等。系列主题一般以简短的、朗朗上口的文字和精美醒目的图片进行表现。系列主题需要将产品的全部设计元素和表现形式尽量表现出来，但是这种概念性的表达还是比较抽象的，与实践产品还有不小差距，人们只能通过主题获得相应的感受，体会一定的联系。

2. 系列主题的特点

系列主题一般注重图文并茂，且品牌对应的是物质产品，系列主题又是用来指导设计的文件和推广产品的依据，因此生动的视觉形象、简练的艺术文字表达内容是系列主题的特点之一。系列主题与产品共存，讲述品牌故事的最终目的是促进产品开发，系列主题是统一在品牌故事之下的对产品的解释，其蕴含着品牌风格，为产品开发指出更加直观的方向，可以借此规范产品设计的风格，影响设计效果。系列主题表现得内外有别，其对外的表现形式往往只是一个十分简短的便于宣传和记忆的词组，在用于产品宣传媒介时，可以附加形象化的说明和符合系列主题的少量而经典的艺术性图片，追求创意、绚丽和动感的效果。其内在表现形式可以配有详细的文字，包括灵感来源、设计要求、组合要点等。

3. 系列主题的作用

系列主题承载产品信息，一个合格的系列主题能够承载系列产品的主要信息。即使遇到对文字和画面有所限制的场合，也要以有序性为原则，突出系列主题中的主要因素，注意它们的代表性、典型性和有用性。一个称职的系列主题是引导产品设计的路标，用来统一设计团队的思维，指导产品设计。一个出色的系列主题可以在对外展示时，用来向消费者快速表达本季本系列产品的特征。

4. 系列主题的题材

系列主题的题材通常有社会事件、艺术形式、虚拟题材、地域文化等。虽然按照寻常的思维模式，传统型品牌故事与社会事件联系不大，但是系列主题却可以因为具有较大意义的社会事件而获得别出心裁的素材。文学、美术、音乐、舞蹈等艺术门类也能够激发出取之不尽的素材，经过相应的艺术加工，具有相当强的艺术感染力。日常生活领域也可以为系列主题提供用之不尽的素材，只要细心观察，就一定能够独具慧眼地发现创新素材。新生品牌一般可采取虚拟手段，将想象的主题整理成并不虚拟的设计元素，并指导其产品的设计开发。例如，迷情巴厘岛、俄罗斯的威士忌等。

5. 系列主题的构成

系列主题一般由系列名称、灵感阐述、附属要素几部分构成。系列主题应该拥有一个让人印象深刻的名称，因为系列主题不需要商标注册，所以命名时具有更大的发挥空间。灵感阐述虽然简短，但是必不可少，灵感阐述有助于设计团队展开设计工作。附属要素一般包括典型图片、产品照片、展开文字、造型概念、细节概念、色彩概念、面料概念等。

 思考与练习

1. 对你所在地区家纺产业进行市场调研，并撰写调研报告。
2. 试创建一个家纺品牌，并完成相关品牌形象设计。
3. 针对模拟家纺品牌进行系列主题设计。

第五章

家用纺织品
配套设计

在家居环境设计中，家用纺织品特有的披覆、盖挂的形式及装饰性能够赋予人们独特的、与众不同的心理感受，在充满形式美感的同时，又能给人多层次变化丰富的文化精神享受，在家用纺织品设计实践中要充分考虑其对家居环境的依附性。因为家用纺织品在家居环境中的应用广泛且面积较大，能够起到柔化生硬的空间线条、赋予空间特定格调、提升室内气氛与意境的作用，所以在设计实践中要把握其款式、色彩及本身材质所体现的特征。

在款式上，家用纺织品要从二维转向三维，所以要充分考虑点、线、面造型元素的合理应用。家用纺织品的色彩对成品造型有很强的依附性，因此色彩必须依附家纺实体形态而存在。家纺材质的不同带给人的感受也各不相同，织物的粗细、厚薄、光涩、明暗等都会带给人不同的生理和心理感受，所以要特别注意材质的选择。

第一节　床上用品设计

床上用品设计是家用纺织品中最主要的设计类别，它一直是家用纺织品的主导产品。床上用品具有舒适、美观的特征，能够起到美化、协调居室环境的作用。目前在生活中常见的床上用品包括床单、被罩、枕套、靠枕、抱枕、床罩、床笠、毯子等。

经常使用到的床品是由床单、被罩和两个枕套组成的四件套，除了这种经典款式外还可以搭配靠枕、抱枕、床罩、床笠等配套产品。设计师在设计过程中要综合运用色彩、图案、款式等各种形式美要素，以满足消费者差异化的个性和功能需求。

一、面料的选择

1. 涤棉产品

涤棉产品一般采用65%涤纶、35%棉配比的涤棉面料，涤棉分为平纹和斜纹两种。平纹涤棉布面细薄，强度和耐磨性都很好，缩水率极小，制成的产品外型不易走样，且价格实惠，耐用性能好，但舒适贴身性不如纯棉。此外，由于涤纶不易染色，所以涤棉面料多为清淡的浅色调，更适合春夏季使用。斜纹涤棉通常比平纹密度大，所以显得密致厚实，表面光泽度、手感都比平纹好（图5-1）。

2. 纯棉产品

高支高密提花面料纯棉织物的经纬密度特别大，织法变化丰富，因此面料手感厚实，耐用性能好，布面光洁度高，多为浅色底起本色花，格外别致高雅，是纯棉面料中较为高级的一种。

色织纯棉为纯棉面料的一种，是用不同颜色的经、纬纱织成的。由于先染后织，染料渗透性强，色织牢度较好，且异色纱织物的立体感强，风格独特，床上用品中多表现为条格花型。它具有纯棉面料的特点，但通常缩水率较大。

纯棉手感好，使用舒适，易染色，花型品种变化丰富，柔软暖和，吸湿性强，耐洗，带静电少，是床上用品广泛采用的材质；但是容易起皱，易缩水，弹性差，耐酸不耐碱（图5-2）。

3. 真丝产品

真丝面料外观华丽、富贵，有天然柔光及闪烁效果，感觉舒适，强度高，弹性和吸湿性比棉好，但易脏污，对强烈日光的耐热性比棉差。其纤维横截面呈独特的三角形，局部吸湿后对光的反射发生变化，容易形成水渍且很难消除（图5-3）。

4. 其他材质

随着纺织科学技术的发展，目前除

图5-1　涤棉产品

图5-2　纯棉产品

图5-3　真丝产品

了天然纤维面料外，很多合成纤维面料和化学纤维面料在舒适性、透气性、吸湿性和保健性等方面具备更良好的性能，甚至一些新型纤维还能够具备抗菌、自净、保健等性能，并且逐步朝着智能化、科技化方向发展（图5-4）。

图5-4　抗菌产品

二、色彩与图案搭配

床上用品的色彩组合是决定其装饰效果的重要环节。不同的色调带给使用者不同的意境色彩空间，良好的色彩组合能够使人感到身心放松和愉悦。一般情况下，春夏季床上用品可选择冷色调，如浅绿色调、浅灰色调、宝蓝色调、黑白色调等，这种色彩搭配让人联想到乡村郊外、蓝天白云、小溪潺潺等美好事物，给人宁静致远的感觉；秋冬季床上用品一般选用暖色调，如红色调、黄橙色调、橘红色调等，这种色调搭配让人联想到热情的非洲部落、硕果累累的田园等火热的事物，带给人欢快的情感和收获的喜悦；此外，诸如米色系、浅黄色系、灰色系等中性色调应用范围较广，这种色彩搭配比较温和，且具有较好的亲和力。

床上用品的图案与色彩是相互呼应的，在造型上，单件纺织品的图案还需要有一定的变化，从而形成既统一又对比的配套装饰。床上用品的图案构成一般分为A版+B版/A版+B版+C版设计，更好地应用二维元素营造多层次的三维空间美。A版是图案设计的主花型，变现为大面积覆盖的形式，图案排列通常有几何纹样、花卉纹样等构成的二方连续纹样，或者是花卉纹样、织物纹样等组成的散点式或者四方连续纹样，同时还会有抽象的纹样或者独幅大版纹样。B版、C版通常是被里、床单，或枕套之类的装饰纹样，这些纹样要与A版相匹配，具有与A版纹样装饰效果的关联性。A版纹样与B版、C版纹样的搭配通常具有或紧密、或稀疏的节奏感，具有色调或明或暗的变化感，其使床上用品的层次得到延伸，并且达到变化丰富的效果。在床上用品图案设计过程中，还需要考虑使用者的年龄、性别、文化背景、审美需求等，不仅要保证床上用品组成套件后色彩与图案相协调，还要保证其与整体家居环境能够相互协调，只有这样才能带给使用者美的享受（图5-5、图5-6）。

图 5-5 多版家纺 A 版

图 5-6 多版家纺 B 版

三、造型与结构设计

床上用品的造型与结构设计需要集装饰性与实用性于一体。从床品套件设计来看，根据床的实际尺寸确定床品的尺寸，如双人床床品设计在注意结构的同时还要考虑人体工程，要符合人体尺寸，符合床体尺寸。在保证图案和色彩的基础上，被套的尺寸、枕套的尺寸、床单垂至床边的高度，都需要在设计时进行关注，一般情况下，常见的床品尺寸如下：

1. 120厘米×200厘米床

床单尺寸：180厘米×240厘米、200厘米×250厘米、210厘米×270厘米。

床罩尺寸：120厘米×200厘米+45厘米、122厘米×204厘米+45厘米、124厘米×206厘米+45厘米。

被罩尺寸：180厘米×230厘米、200厘米×250厘米。

枕套尺寸：45厘米×70厘米、48厘米×72厘米、50厘米×70厘米、50厘米×75厘米、50厘米×80厘米。

抱枕、靠枕尺寸：50厘米×50厘米、45厘米×45厘米、40厘米×40厘米、60厘米×60厘米、65厘米×65厘米。

2. 150厘米×200厘米床

床单尺寸：220厘米×250厘米、230厘米×250厘米、240厘米×260厘米、250

厘米×270厘米。

床罩尺寸：150厘米×200厘米+45厘米、152厘米×204厘米+45厘米、154厘米×206厘米+45厘米。

被罩尺寸：200厘米×230厘米、200厘米×220厘米、210厘米×230厘米。

枕套尺寸：48厘米×72厘米、50厘米×70厘米、50厘米×75厘米、50厘米×80厘米、55厘米×80厘米。

抱枕、靠枕尺寸：50厘米×50厘米、45厘米×45厘米、55厘米×55厘米、60厘米×60厘米、65厘米×65厘米。

3. 180厘米×200厘米床

床单尺寸：240厘米×260厘米、250厘米×270厘米、260厘米×270厘米、270厘米×270厘米。

床罩尺寸：180厘米×200厘米+45厘米、182厘米×204厘米+45厘米、184厘米×206厘米+45厘米。

被罩尺寸：200厘米×230厘米、220厘米×240厘米、230厘米×250厘米、235厘米×245厘米。

枕套尺寸：48厘米×72厘米、50厘米×70厘米、50厘米×75厘米、50厘米×80厘米、55厘米×80厘米。

抱枕、靠枕尺寸：50厘米×50厘米、55厘米×55厘米、60厘米×60厘米、65厘米×65厘米、75厘米×75厘米。

第二节　帘幕产品设计

现代居室的窗帘设计在造型上丰富多彩，作为家庭软装饰的一个重要组成部分，现代窗帘的设计不仅需要具备遮挡光线、保温降温的功能，更需要具备美化装饰环境的功能，通过窗帘和其他帘幕类产品，使室内色调相互协调，空间线条柔和，同时通过帘幕类产品多变的形式、优美的图案、协调的色彩，烘托室内环境、强化室内设计风格。

一、面料的选择

窗帘布根据其面料、工艺不同可分为印花布、染色布、色织布、提花布等。印花布是在素色坯布上用转移或圆网的方式印上色彩、图案，其特点是色彩艳丽，图案丰富、细腻。染色布是在白色坯布上染上单一的颜色，其特点是素雅、自然。色织布是根据图案需要，先把纱布分类染色，再经交织构成色彩图案，其特点是色牢度强，色织纹路鲜明，立体感强。提花色布是把提花和印花两种工艺结合在一起。概括来讲，常见的窗帘面料分为棉纱、玻璃纱、蕾丝、巴厘纱（图5-7）等轻薄面料和花式棉布、尼龙混纺等中等厚度的不透光面料两大类。

另外，随着纺织科学技术的发展，还出现了多功能窗帘布，这类材料是采用纳米功能助剂对丝、麻、棉等纺织成品进行纳米技术处理，使适合制作窗帘的花色布具有阻燃、隔热、隔音、抗菌、防霉、防水、防油、防污、防尘、防静电、耐磨等功能。这种集合了多种功能的布加工的窗帘，使用后始终不沾灰尘，免除了经常洗涤窗帘的烦恼，增强了布的隔热保温功能，属于低碳节能型窗帘。

图5-7 巴厘纱窗帘

二、色彩与图案设计

因为窗帘在家居环境中使用所占空间视觉面积很大，所以要特别强调其色调设计。一般情况下，深色调的窗帘其图案色彩对比要明快、层次要清晰；浅色调的窗帘图案色彩要呈现出低纯度高明度的朦胧美。在确定窗帘的色彩图案时，一定要从整体出发，首先注重实用功能需求，使窗帘的色彩图案与整体家居环境相协调。

窗帘图案题材比较丰富，可以使用常见的几何纹样、花卉纹样，也可以采用动物纹样、人物纹样、风景纹样以及民间元素纹样等。因为窗帘在开启和闭合时褶皱会产生变化，所以窗帘的图案具有多变的视觉效果，基于此，窗帘图案更要简洁明快。常见的窗帘图案有纵向或者横向的纹样排列，纵向条形排列使室内空间产生升高感，横向条形排列使室内空间具有横向扩展感。此外，上虚下实的纹样排列具有稳定、沉重感，错落有致的散点式排列具有灵活、跳跃感，动态线条纹样排列具有洒脱、律动感，严谨的框架排列具有规律、秩序感。内外窗帘一般采用配套图案，更能体现出灵活与变化感（图5-8）。

图5-8 秩序感窗帘

三、造型与结构设计

窗帘种类繁多，常用的品种有卷帘、窗纱、直立帘、罗马帘、木竹帘、铝百叶、布窗帘、纱窗帘、无缝纱帘、遮光窗帘、隔音窗帘、立式移帘。窗帘的控制方式分为手动和电动。手动窗帘包括手动开合帘、手动拉珠卷帘、手动丝柔垂帘、手动木百叶、手动罗马帘、手动风琴帘等；电动窗帘包括电动开合帘、电动卷帘、电动丝柔百叶、电动天棚帘、电动木百叶、电动罗马帘、电动风琴帘等（图5-9）。

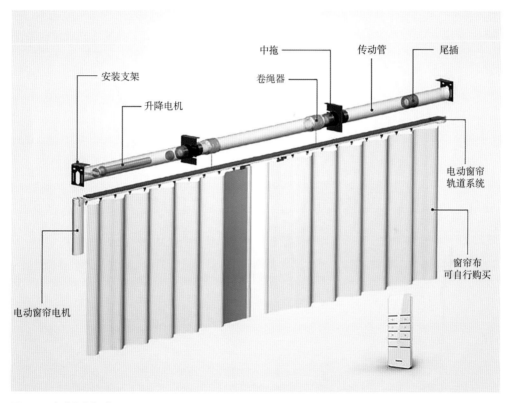

图5-9　电动窗帘组成

窗帘由帘体、辅料、配件三大部分组成。帘体由窗幔、窗身、窗纱组成。窗幔是装饰窗帘不可或缺的组成部分，一般用与窗身同一面料制作。款式上有平铺、打折、水波、综合等式样。辅料由窗樱、帐圈、饰带、花边、窗襻衬布等组成。配件有侧钩、绑带、窗钩、窗带、挂钩、布料、滑杆、衬布、圈圈、配饰、铅块配重物等。

窗帘的布艺款式按结构划分有简易式、导轨式、盒式三种；按采光划分为透光、半透光、不透光三种；按形式划分为普通帘、罗马帘两种。其中，普通帘常用于有窗盒的窗户，可配帘眉，不露轨道，制作上宜打固定折，方便安装清洗升降帘，类似百叶窗悬挂方法，折叠升高，可根据光线的强弱而上下升降。罗马杆常见未装窗盒的窗体，装饰性强，流行吊带式，方便安静，诠释强烈的欧洲风格，选择带滑轮的轨道有利于窗帘的使用。另外，按长度还可划分为落地窗帘、飘窗帘、半截窗帘、高帘。落地窗帘多用于客厅，使用落地玻璃的大窗户。飘窗帘港式造型，适用窗台较宽的情况。半截窗帘根据窗型来选用，窗帘下摆要超过窗台30厘米左右又未及地面。高帘适用于3米以上空间的窗型。

一般情况下，常见的扣襻式窗帘的单片成品规格为200厘米×220厘米，系带式窗帘的单片成品规格为152厘米×250厘米，抽褶荷叶边窗帘的单片成品规格为300厘米×250厘米，对裥窗幔式窗帘的单片成品尺寸为300厘米×250厘米。因每个窗户的具体尺寸不一，所以成品窗帘的规格尺寸没有代表性，要根据实际窗户大小和窗帘布艺款式来确定。

第三节　地毯设计

地毯，是以棉、麻、毛、丝、草等天然纤维或化学合成纤维类原料，经手工或机械工艺进行编结、栽绒或纺织而成的地面铺敷物。它是世界范围内具有悠久历史传统的工艺美术品类之一，覆盖于住宅、宾馆、体育馆、展览厅、车辆、船舶、飞机等的地面，有减少噪声、隔热和装饰的作用。

一、材质与分类

一般情况下，即使是使用同一制造方法生产出的地毯，也会由于使用原料、绒头形式、绒高、手感、组织及密度等因素，生产出不同外观效果的地毯，常见地毯毯面质地的类别有长毛绒地毯、天鹅绒地毯、萨克森地毯、强捻地毯、长绒头地毯、平圈绒地毯、泰元地毯、割/圈绒地毯等几大类。

长毛绒地毯是割绒地毯中最常见的一种，绒头长度为5~10毫米，毯面上可浮现一根根断开的绒头，平整而均匀一致（图5–10）。天鹅绒地毯的绒头长度为5毫米左右，毯面绒头密集，可使毯面产生天鹅绒毛般的效果（图5–11）。萨克森地毯的绒头长度在15毫米左右，绒纱经加捻和热定型加工，绒头产生类似光纤的效应，毯面有丰满的质感。强捻地毯即弯头纱地毯，绒头纱的加捻捻度较大，毯面有硬实的触感和强劲的弹性，绒头方向性不确定，所以毯面可表现出特殊的情调和个性。长绒头地毯的绒头长度在25毫米以上，既粗又长，毯面呈现出厚重高雅的效果。平圈绒地毯的绒头呈圈状，圈高一致整齐，比割绒的绒头有更加适度的坚挺和平滑性，行走时触感舒适。泰元地毯（含多层高低圈绒）是由所喂绒纱长度的变化从而产生绒圈长短，毯面有高低起伏的层次，有的形成几何图案，地毯有立体感（图5-12）。割/圈绒地毯（含平割/圈绒地毯），一般割绒部分的高度会超过圈绒的高度，在修剪、平整割绒绒头时并不伤及圈绒的绒头，两种绒头混合可组成毯面的几何图案，有素色提花的效果。而这种平割/圈地毯的割绒技术含量也是比较高的。

图5-10　长毛绒地毯

图5-11　天鹅绒地毯

图5-12　泰元地毯

二、色彩与图案设计

地毯因选用的材质和织造方法的区别，在色彩和图案风格上也有所不同。总体而言，地毯有传统和现代两种风格，传统风格的地毯多以羊毛为原材料，采用手工编织方式来制作，色彩和图案具有富丽华贵、典雅精致的特点；而现代风格的地毯使用与居室环境互相协调，多与现代建筑空间、现代人的审美特征和生活方式有机结合，所使用的图案也表现出概括、简练、自由的特点，并且多呈现抽象意味，与居室现代风格贴近（图5-13）。

图5-13　抽象图案地毯风格搭配

第四节　餐厨卫浴纺织产品设计

　　餐厨用纺织品目前在整个家用纺织品设计中所占的比例较小，特指适用于餐厅、厨房内的纺织品。餐厅所使用到的纺织品一般有餐桌布、餐巾、方巾、杯垫、餐具袋、纸巾盒套、果物篮等（图5-14）。这类纺织品能够营造出良好的就餐环境，在餐桌上的使用也极具实用性，因此在设计时应充分考虑其装饰性和实用性。

　　由于现代人们生活质量的提升，人们对生活品质的要求越来越高，对卫浴产品除了要满足基本的洗漱、沐浴功能外，还要求舒适、美观。所以各种浴巾、浴衣、浴帘等卫浴类纺织品应运而生，这些卫浴产品不但能够增添洗浴时的温馨美感和宜人情调，还能够使整个卫浴环境显得整洁、协调。

图5-14　餐厨环境的营造

一、面料的选择

　　餐厨类家用纺织品的面料选择范围较广，一般可选择耐水洗、耐磨、熨烫方便的织物，更多的是需要强调面料的装饰效果。印花面料、提花面料、色织面料等都可以应用，同时还可以加入刺绣、绗缝等工艺，使餐厨织物装饰性与实用性并存。卫浴纺织品以巾类为主，所选择的织物一般要具有良好的舒适性、柔软性、吸湿性、保暖性等特征。因此卫浴类家用纺织品通常采用棉纤维材质。而浴帘作为淋浴区与化妆区的隔断，不但要具有遮蔽隐私功能，还要有很强的防水效果，所以一般用防水材料制作（图5-15）。

图5-15　卫浴防水帘

二、色彩与图案

餐厨类家用纺织品的色彩图案要与整体家居环境相契合，营造出一种特定的餐厨环境，让人舒适地享受就餐过程。一般情况下色调搭配和谐即可，图案的选择可与窗帘、壁纸相搭配。厨房纺织品的装饰性一般作为点缀性效果使用，在色调上可与整体的厨房风格相对比，增加厨房的情趣。

卫浴类纺织品属于比较私密的物品，装饰起来要讲究实用性，并考虑到卫生用品和装饰效果，卫浴纺织品可选用任意色调和图案，只要整体搭配干净整洁、色调宜人即可。

第五节　坐靠装饰类纺织产品设计

坐靠装饰类纺织品是指应用纺织品柔软、随和、装饰性强的特点，根据坐靠或者装饰需求选择不同的手法制作出来的可用于坐靠或者装饰的产品。这类产品有较强的艺术表现形式，如装饰抱枕、靠垫、装饰屏风、织物壁挂、手工印染品等，因其织物的色泽、肌理等能够实现较强的装饰效果，带给人与众不同的视觉美感与实用效果（图5-16）。

图5-16　坐靠垫与家居环境的搭配

一、坐靠类纺织品设计

在整体家居环境中，抱枕、靠垫、坐垫最能起到画龙点睛的作用，有时甚至会成为家居装饰的焦点。在居家装饰布置中，需要运用插花技法，从点、线、面、块着手，做到面面俱到，抱枕就可以作为点、面、块元素来使用。它对提升居家品质的效果立竿见影，除了满足个人坐靠的功能需求外，在装饰美学上也有不可忽视的作用。

1. 面料的选择

几乎所有的织物都可以用来做抱枕，常见的面料有条格布、灯芯绒、麻织物、印花布、针织物、化纤织物等。抱枕的面料不同可以营造出不同的装饰风格。例如，使用棉麻面料，可实现平易温和的自然风格；使用丝绸、绒面、缎面材料，可达到华丽典雅、富丽堂皇的效果（图5-17）。

2. 色彩与图案设计

抱枕或坐垫因其空间体积比较小，所以在色彩和图案的选择上要与大面积的沙发或者地毯等纺织品形成对比关系。比如图案比较素雅的沙发，最好配上花纹丰富的抱枕，色调灰暗的地毯最好搭配色彩明亮的抱枕（图5-18）。

图5-17　丝绸靠垫

图5-18　坐靠垫搭配

3. 造型与结构设计

抱枕或坐垫的款式非常丰富，从形状上来看，有长方形、正方形、圆形、三角形、多边形等，此外还可以制成一些模仿动物造型、植物造型的抱枕。整体来讲，规则几何形抱枕能够增加家居环境的庄重沉稳感，不规则形状和仿生形的抱枕则能够增加家居环境的活泼感、生机感，使室内气氛更加轻松（图5-19、图5-20）。

图5-19 火箭造型抱枕

图5-20 水果造型抱枕

二、装饰类纺织品设计

装饰类纺织品种类非常繁多，如挂件类的编织挂件、蜡染挂件、印染挂件等，又如摆放类的布艺玩偶等（图5-21、图5-22）。

图5-21 装饰壁挂

图5-22 布艺摆件

装饰类纺织品材料的选择不受限制，如挂件类的装饰纺织品可以按照地毯制作方法，图案可以选用山水河川、人物风情等，表现形式也多种多样，如绘画、镶钻、印染等。布艺玩偶材料的选择也非常多样，往往不局限于棉质面料，各种材质和工艺都可以在布艺玩偶中进行应用。

 思考与练习

　　　1. 试进行床上用品设计实践。

　　　2. 帘幕类产品设计与制作注意事项有哪些？

　　　3. 如何进行餐厨卫浴类产品设计？

　　　4. 你所熟悉的装饰类纺织品有哪些？

第六章

家用纺织品
工艺制作

● **本章要点**

1. 印花工艺、提花工艺

2. 刺绣工艺

3. 扎染、蜡染工艺

● **本章学习目标**

1. 了解印花、提花工艺在家纺织物设计中的应用

2. 了解刺绣工艺在家纺织物设计中的应用

3. 了解扎染、蜡染工艺在家纺织物设计中的应用

4. 掌握基本的刺绣、扎染、蜡染工艺

第一节　印花、提花工艺设计

一、印花工艺

印花工艺是用染料或颜料在纺织物上施印花纹的工艺过程。印花有织物印花、毛条印花和纱线印花之分，其以织物印花为主。毛条印花用于制作混色花呢；纱线印花用于织造特种风格的彩色花纹织物。织物印花历史悠久，中国在战国时代已经应用镂空版印花，印度在公元前4世纪已经有木模版印花。连续的凹纹滚筒印花始于18世纪。筛网印花是由镂空型版发展而来的，适用于容易变形织物的小批量、多品种印花（图6-1～图6-3）。

图6-2　毛条印花产品

图6-1　织物印花

图6-3　纱线印花墙纸

20世纪60年代，金属无缝圆网印花开始应用，为实现连续生产提供了条件，其效率高于平网印花。20世纪60年代后期出现了转移印花方法，利用分散染料的升华特性，通过加热把转印纸上的染料转移到涤纶等合成纤维织物上，可印得精细花纹。20世纪70年代还研究出用电子计算机程序控制的喷液印花方法，由很多组合的喷射口间歇地喷出各色染液，形成彩色图案，主要用于地毯印花（图6-4～图6-6）。

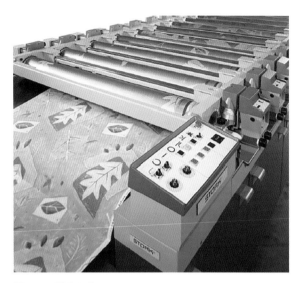

图6-4 圆网印花

印花织物是富有艺术性的产品，一般根据设计的花纹图案选用相应的印花工艺，常用的有直接印花、防染印花和拔染印花三种。直接印花是在白色或浅色织物上先直接印以染料或颜料，再经过蒸化等后处理获得花纹，工艺流程简短，应用最广。防染印花是在织物上先印上防止染料上染或显色的物质，然后进行染色或显色，从而在染色织物上获得花纹。拔染印花是一种在染色织物上印以消去染色染料的物质，在染色织物上获得花纹的印花工艺。

图6-5 平网印花

织物在印花前必须先经过预处理，使之具有良好的润湿性。印花所用的染料基本与染色相同，有些面积较小的花纹可用涂料或者颜料。此外，还有印花专用的快色

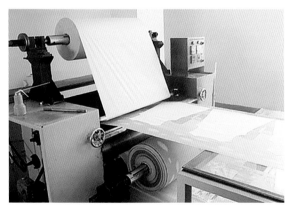

图6-6 热转移印花

素、快胺素、快磺素等染料。在同一织物上可以选用不同类染料印出各色花纹。印花时要将染料或颜料调成色浆，等印花、烘干后，通常要进行蒸化、显色或固色处理，再进行皂洗、水洗，充分除去色浆中的糊料、化学药剂和浮色。

印花色浆由染料或颜料、吸湿剂、助溶剂等与原糊混合而成。印花原糊的作用是使色浆具有一定的黏度和流度。它由亲水性高分子物糊料调制而成，常用的糊料有淀粉、淀粉降解产物（如白糊精与黄糊精）、淀粉醚衍生物、海藻酸钠（或铵）、羟乙基皂荚胶、龙胶、纤维素醚、合成高分子电解质等。有时也将用水、火油与乳化剂制成的乳化糊用作印花原糊。印花原糊对色浆中的化学药剂具有良好的稳定性，不与染料发生作用，对纤维有一定的黏附力，并易于从织物上洗去。印花色浆的黏度决定于原糊的性质。印花时如果色浆黏度下降太多则难以印出精细的线条，黏度太大则色浆不易通过筛网的细孔。

折叠转移印花是先用印刷方法将颜料印在纸上，制成转移印花纸，再通过高温（在纸背上加热加压）把颜色转移到织物上，一般用于化纤面料，特点是颜色鲜艳，层次细腻，花型逼真，艺术性强。转移印花工艺简单、投资小、生产灵活，具有一定的档次，但是价格比较高（图6-7）。

图6-7 转移印花墙纸

折叠拔染印花是选用不耐拔染剂的染料染地色，烘干后，再用含有拔染剂或同时含有耐拔染剂的花色染料印浆印花，在后处理时，印花处地色染料因被破坏而消色，形成地色上的白色花纹或因花色染料上染形成的彩色花纹，又称拔白或色拔。它可以做出好像织物被水洗的效果，织物的颜色好像被洗掉了不少，呈现斑斑驳驳的视觉效果，这就是拔印。拔印的原理是把织物组织纤维的颜色抽拔掉，使之变成另一种较浅的颜色，类似洗水效果，是一种比较炫酷的印花（图6-8）。

折叠减量印花工艺是利用交织或混纺

图6-8 拔染印花织物

织物中不同纤维的耐化学腐蚀性质差异，通过印花方法施加烧拔剂在织物局部去除其中一种纤维，保留其他纤维而形成半透明花纹，又叫烧拔印花或烂花印花。折叠皱缩印花是利用印花方法在织物上局部施加能使纤维膨胀或收缩的化学品，通过适当处理，使印花部位纤维和非印花部位纤维产生膨化或收缩的差异，从而获得表面有凹凸规律花型的产品。如用烧碱作膨化剂的纯棉印花泡泡纱，又叫凹凸印花。

折叠平网印花的印花模具是固定在方形架上并具有镂空花纹的涤纶或锦纶筛网。花版上花纹处可以透过色浆，无花纹处则以高分子膜层封闭网眼。印花时，花版紧压织物，花版上盛色浆，用刮刀往复刮压，使色浆透过花纹到达织物表面。平网印花生产效益低，但适应性广，应用灵活，适合小批量多品种的生产。

折叠圆网印花的印花模具是具有镂空花纹的圆筒状镍皮筛网，按一定顺序安装在循环运行的橡胶导带上方，并能与导带同步转动。印花时，色浆输入网内，贮留在网底，圆网随导带转动时，紧压在网底的刮刀与花网发生相对刮压，色浆透过网上花纹到达织物表面。圆网印花属于连续加工，生产效率高，兼具滚筒和平网印花的优点，但是在花纹精细度、印花色泽浓艳度以及颜色和色泽的选择上还有一定的局限性。

折叠颜料印花又叫涂料印花，由于颜料是非水溶性着色物质，对纤维无亲和力，其着色须靠能成膜的高分子化合物（黏着剂）的包覆和对纤维的黏着作用来实现。颜料印花可用于任何纤维纺织品的加工，在混纺、交织物的印花上更具有优越性，且工艺简单、色谱较广，花形轮廓清晰，但手感不佳，摩擦牢度不高（图6-9）。

折叠水浆印花所谓的水浆，是一种水性浆料，印在衣服上手感不强，覆盖力也不强，只适合印在浅色面料上，价格比较便宜，是属于较低档的印花种类。但它也有一个优点，因为不太会影响面料原有的质感，所以比较适合用于大面积的印花图案。水浆印花的特点为手感柔软、色泽鲜艳，但是也有一大弊病，即水浆颜色要比布色浅，如果布色较深，水浆便无法覆盖布色。折叠胶浆印花中的胶浆的出现和广泛应用在水浆之后，由于它的覆盖性非常好，在深色衣服上也能够印上任何的浅色，而且有一定的光泽度和立体感，使成衣看起来更加高档，所以它得以迅速普

图6-9 涂料印花床品

及，几乎每一件印花T恤上都会用到它。但由于胶浆有一定硬度，所以不适合大面积的实地图案，大面积的图案最好还是用水浆来印，然后点缀些胶浆，这样既可以解决大面积胶浆硬的问题，又可以突出图案的层次感；还有一种方法是将大面积的实地图案镂空，做成烂花的效果，但穿起来始终有点硬硬的，所以最好还是利用水胶和胶浆的结合来解决大面积印花的问题。胶浆印花有光面和哑面两种，具手感柔软、薄、环保等特点，可以拉伸，一般来说比较常用，像休闲品牌基本用的是胶浆（图6-10）。

折叠油墨印花的油墨表面上看起来和胶浆没有很大区别，但是胶浆印在光滑面料，比如风衣面料上时，一般色牢度很差，用指甲大力刮就能刮掉，但是油墨能够克服这个缺点。所以，做风衣的时候，一般用油墨来印。油墨印花的特点是色泽鲜艳，形象逼真。市场上前段时间兴起了一股人头印花的浪潮，这种清晰超写实的印花一般来说只有油墨印花才能印出那样的效果。有时候还可以在油墨上撒点金粉、银粉，装饰效果更好（图6-11）。

图6-10　胶浆印花面料　　　　　　　　　图6-11　油墨印花织物

随着印染技术的发展，新型印花工艺和技术不断出现，被广泛应用的主要有以下几种：

1. 金银粉印花

金银粉印花是用类似金银色泽的金属粉末作为着色剂的涂料印花。就织物效果而言，其具有华丽感，即印后织物确实有"镶金嵌银"的效果，与此同时，各项牢度要达到国家标准，以提高使用性能。金银粉印花是将铜锌合金或铝粉与涂料印花黏合剂等助剂混合调成金银粉印花浆印在织物上，使织物呈现出光彩夺目的印花图案（图6-12）。

2. 发泡印花

发泡印花是一种在印浆中加入发泡物质和热塑性树脂，在高温焙烘中利用发泡剂的膨胀而形成具有贴花和植绒效果的立体花型，并借树脂将涂料固着于织物上的印花工艺。发泡印花是新开发的印花工艺，它赋予织物高档华丽的独特风格，突破了平面印花的格局，给人以新颖、高雅之感（图6-13）。

3. 香味印花

香味印花是指在印花色浆中，应用香料树脂，在一定压力下刮印或者喷洒、浸渍，使香料树脂固着在织物上的印花工艺。织物经香味加工后，提高了使用时的舒适感。

4. 夜光印花

图6-12 金银粉印花织物

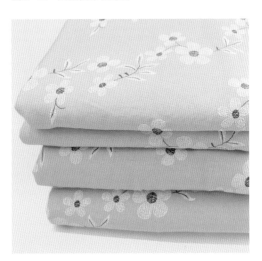

图6-13 发泡印花织物

物质呈现各种不同颜色，是由于光照射到物质表面，产生光的反射和吸收的结果。也就是说，物质必须在有光的条件下，才能呈现各种不同的颜色，没有光就没有颜色，一般在黑暗环境中，物质的各种颜色都会消失。而光致固体物质受日光或人工光的照射激发后，却能在黑暗处发出光，并呈现出不同的颜色。这种物质必须经光的照射激发才能在黑暗处发光，所以被称为光致发光物质。当外界光源去除后，光致发光物质发光时间有一定的限制，发光持续的时间，称为余辉。夜光印花利用光致发光物质，使印在织物上的花纹经光照后能在黑暗中显示晶莹、美丽、多彩的图案。如果利用不同发光波长和不同余辉的光致发光物质，还可以达到动态效果，形象生动，适用于各种室内装饰织物。

5. 钻石印花

钻石印花即选定一种成本较低和能形成近似金刚钻石光芒的物体作为微型反射体印花, 使印在织物上的花纹具有钻石光芒的印花工艺。钻石印花由于产品外观雍容华贵, 十分高雅, 因而深受消费者的青睐。而且其工艺简单, 成本低廉, 牢度优良, 适用于所有印花设备 (图6-14)。

图6-14　钻石印花

6. 珠光印花

珠光印花是使用一种具有"珍珠光泽的制剂"在织物上印花, 由于这种制剂对光有多层次反射现象, 能闪烁珍珠般的光泽。珍珠光泽制剂有天然制剂和人造制剂两种。

7. 变色印花

织物一般用涂料或染料印花, 色泽总是处于静止状态, 不因外部条件变化而变化。变色印花则具有动态效果, 印花织物的色泽能随环境条件的变化而变色。

二、提花工艺

提花, 就是纺织物以经线、纬线交错组成的凹凸花纹。纺织品类别众多, 提花面料为其中一大类别。提花面料又可分为家纺用料和时装面料，早在古丝绸之路，中国丝绸就以提花织造的方式名扬世界。绣花只是一种装饰，一般可绣花的面料都是平纹加密的布料，而可提花的算是比较高档的面料，能够提出图案的面料对棉纱的要求较高，质量次的棉纱也无法提出成型的图案，提花也是分为平纹提花和斜纹提花。

提花面料用途十分广阔，不仅可制作休闲的裤装、运动装、套装等，而且又是床上用料。面料制成的成衣穿着舒适，而颇受欢迎。常见的有弹力色丁面料，这是以涤纶和氨纶为原料，由喷织机交织而成的一种缎纹组织的提花织物，由于经线采用大有光丝，使布面具有魅力，以轻薄、柔顺、弹性、舒适、光泽等优势占领了面料市场的一席之地（图6-15、图6-16）。

图6-15 弹力色丁提花织物1　　　　　图6-16 弹力色丁提花织物2

另一种常见的提花面料是以涤纶低弹丝为原料，面料组织结构采用缎面平纹变化纹理，在喷气织机上交织而成。这种提花织物坯布经过退浆、预缩、柔软等处理后，面料的透气性特别好，而且手感柔软光滑。另外，加捻色丁也一直被服装厂商看好，主要被用作服装和家纺床品用料，该产品既有染色的，又有印花的。提花色丁是集舒适感、现代感、艺术感于一体的新面料，以其诱人魅力紧紧吸引了客商，其销售表现也是颇佳。

提花的工艺方法源于原始腰机挑花，汉代时这种工艺方法已经用于斜织机和水平织机。针织物的一种花色组织，也叫"大花纹组织"，是把纱线垫放在按花纹要求所选择的织针上编织成圈而形成的。提花组织可在纬编或经编、单面或双面针织物中形成，构成的织物花纹较大，图案也较复杂，如织锦、缎、丝织人像、丝织风景以及提花被面等的织物组织都是如此。提花组织需要用提花织机制织。纬编提花组织由两个或两个以上成圈系统编织一个提花线圈横列。每个成圈系统只在根据花纹需要选择的那些织针上成圈，不成圈的织针便退出工作，新纱线既不垫放到这些织针上，同时旧线圈也不从这些织针上脱下，待至下一成圈系统中进行成圈时才将提花线圈脱到新形成的线圈上。

　　纬编三色提花组织由三个成圈系统编织成一个提花线圈横列。将三种色线分别在1、2、3成圈系统中编织，这样正面由三根色线组成一个线圈横列，反面由其中两根色线按一隔一排列组成一个线圈横列。纬编提花组织的种类较多，按结构可分单面与双面；按色彩可分单色与多色。单面提花组织根据线圈大小是否相同，可分均匀提花组织与不均匀提花组织两种，不均匀提花组织广泛用于袜子和外衣织物中。双面提花组织根据结构，可分为完全提花组织与不完全提花组织。在每一成圈系统中，所有针盘织针都参加编织反面线圈而形成的组织，称完全提花组织，而针盘织针通过一隔一参加编织而形成的组织称不完全提花组织。生产上常用不完全提花组织，织物的花形更清晰、结构稳定，延伸性和脱散性较小。纬编提花组织针织物的花形可在一定范围内任意变化，广泛用于各种外衣和装饰用品。经编提花组织是指在经编机编织过程中，某些织针不进行垫纱和脱圈而形成拉长线圈的组织。在形成这种组织时，梳栉不完全穿经，与空穿导纱针相对应的织针不进行垫纱和闭口，这样新纱线不垫放到这些织针上，同时旧线圈也不从这些织针上脱下，从而形成拉长线圈。经编提花组织常用花压板使选定的织针不进行闭口，花压板的凹口必须与梳栉中的空穿导纱针相对应，同时花压板必须与梳栉相配合，一起横移。经编提花组织广泛用于衣着和装饰用品（图6-17、图6-18）。

图6-17　纬编提花沙发面料

图6-18 经编提花窗帘

第二节 刺绣工艺设计

刺绣是针线在织物上绣制的各种装饰图案的总称，分丝线刺绣和羽毛刺绣两种，具体来说就是用针将丝线或其他纤维、纱线以一定图案和色彩在绣料上穿刺，以绣迹构成花纹的装饰织物。刺绣是用针和线把人的设计和制作添加在任何存在的织物上的一种艺术，是中国民间传统手工艺之一，在中国至少有两三千年历史。中国刺绣主要有苏绣、湘绣、蜀绣和粤绣四大类。刺绣的技法有错针绣、乱针绣、网绣、满地绣、锁丝、纳丝、纳锦、平金、影金、盘金、铺绒、刮绒、戳纱、洒线、挑花等，刺绣的用途主要包括日常生活和艺术装饰，如服装，床上用品，台布，舞台、艺术品装饰（图6-19）。

图6-19 传统花鸟刺绣

一、传统刺绣

中国刺绣起源很早，相传"舜令禹刺五彩绣"，其于夏、商、周三代和秦汉时期得到发展，从早期出土的纺织品中，常见到刺绣品，据早期的刺绣遗物显示：周代尚属简单粗糙；战国渐趋工艺精美，这时期的刺绣用的都是辫子绣针法，也称辫子绣、锁绣。湖北江陵马山硅厂一号战国楚墓出土的绣品，有对凤、对龙纹绣、飞凤纹绣、龙凤虎纹绣禅衣等，都是用辫子股施绣而成，并且不加画填彩，这标志着此时的刺绣工艺已发展到相当成熟的阶段。这些绣品在图案的结构上非常严谨，有明确的几何布局，大量运用了花草纹、鸟纹、龙纹、兽纹，并且浪漫地将动植物形象结合在一起，手法上写实与抽象并用，穿插盘叠，刺绣形象细长清晰，留白较多，体现了春秋战国时期刺绣纹样的重要特征。

汉代刺绣开始展露艺术之美。因为经济繁荣，百业兴盛，丝织造业尤称发达；当时社会富豪崛起，形成新消费阶层，刺绣供需应运而兴，不仅成为民间崇尚广用的服饰装饰手段，手工刺绣制作也逐渐迈向专业化，尤其技艺突飞猛进。从出土实物看，绣工精巧，图案多样，呈现繁美缛丽的景象，为这项民族工艺在后世的继续发展奠定了优秀的传统根基。汉代王充《论衡》记有"齐郡世刺绣，恒女无不能"，足以说明当时刺绣技艺和生产的普及。因为刺绣工艺的成熟，汉代已经在无形中开始区分使用刺绣的人群等级和种类，刺绣虽然是在实践劳动中由劳动人民创作产生，但是绝大部分的劳动人民是享用不起高档丝织刺绣品的。普通的劳动人民只能在生活中用简单的刺绣工艺来点缀服饰鞋帽等实用品。最具代表性的是湖南长沙马王堆汉墓出土的刺绣残片，它们虽已在地下埋藏了几千年，但出土时仍然精美绝伦，配色、针工都运用得恰到好处。汉代的刺绣工艺在山东一带也很发达，并早已成为民间妇女的普遍劳动。而四川成都的蜀绣在汉代也很精美。由此可见刺绣工艺在汉代就已经很普及了。

唐代刺绣应用很广，针法也有新的发展。刺绣一般用作服饰用品的装饰，做工精巧，色彩华美，在唐代的文献和诗文中都有所反映。如李白诗"翡翠黄金缕，绣成歌舞衣"，白居易诗"红楼富家女，金缕刺罗襦"等，都是对于刺绣精美程度的描绘。唐代的刺绣除了作为服饰用品外，还用来绣作佛经和佛像，为宗教服务。唐代刺绣的针法，除了运用战国以来传统的辫绣外，还采用了平针绣、打点绣、纭裥绣等多种针法。纭裥绣又称退晕绣，即现代所称的戗针绣。它可以表现出具有深浅变化不同的色阶，使刺绣对象色彩富丽堂皇，具有浓厚的装饰效果（图6-20）。

刺绣工艺发展到唐宋时期已有数十种针法，其风格也逐渐形成了各个地域的不同特色。刺绣已不单单是绣在服饰上，而是从服饰上的花花草草发展到了纯欣赏性的刺绣画、刺绣佛经、刺绣佛像等。据传武则天时，曾下令绣佛像四百余幅，赠予寺院及邻国，由此可见唐代绣佛像已非常盛行。

唐以前之绣品，多为实用及装饰之用，刺绣内容与生活上的需要主要和风俗有关。宋代刺绣之作，除为实用品外，尤致力于绣画。自晋唐以来，文人士大夫嗜爱书法并精于绘画，书画乃当时最高的艺术表现，至宋更及于丝绣，书画风格直接影响到刺绣之作风。宋代是我国手工刺绣发展高峰时期，产品、质量均属空前，特别是在开创纯审美的艺术绣方面，更堪称绝后（图6-21）。

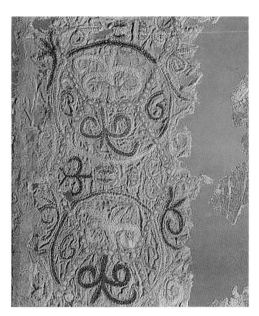

图6-20 汉代刺绣

宋代手工刺绣之发达，是由于当时朝廷奖励提倡之故。据《宋史·职官志》载，宫中文绣院掌纂绣。徽宗年间又设绣画专科，使绣画分类为山水、楼阁，人物、花鸟，名绣工相继辈出，使绘画发展至最高境界，并由实用转为艺术欣赏，将书画带

图6-21 唐代针法刺绣

入手工刺绣之中，形成具有独特观赏性的绣作。朝廷的提倡，使原有的手工刺绣工艺显著地有了几个方面的提高：平针绣法变化丰富，钻研发明出许多新针法；改良工具和材料，使用精制钢针和发细丝线；结合书画艺术，以名人作品为题材，追求绘画趣致和境界。为使作品达到书画之传神意境，绣前需先有计划，绣时需度其形势，乃趋于精巧。构图必须简单化，纹样的取舍留白非常重要，与唐代无论有无图案之满地施绣截然不同，据明代董其昌《筠清轩秘录》载："宋人之绣，针线细密，用绒止一二丝，用针如发细者，为之设色精妙光彩夺目。山水分远近之趣，楼阁待深邃之体，人物具瞻眺生动之情，花鸟极绰约馋唼之态。佳者较画更胜，望之三趣悉备，十指春风，盖至此乎。"此段描述，大致说明了宋绣之特色。

元代刺绣的观赏性虽远不及宋代，但也继承了宋代写实的绣理风格。入主中原的元人，在全国各地广设绣局和罗局，刺绣的审美和功用，渐趋于美术化。佛教题材的出现，始自隋唐，主要图案是宝相花。宋绣独尚名人书画，偶有佛像绣品。元世祖忽必烈为了否定儒家的首一地位，推崇藏传佛教，中原拜佛信教之风复兴。元代统治者信奉藏传佛教，刺绣除了作一般的服饰点缀外，更多的则带有浓厚的宗教色彩，被用于佛像、经卷、幡幢、僧帽，以西藏布达拉宫保存的元代《刺绣密集金刚像》为代表，它具有强烈的装饰风格。山东元代李裕庵墓出土的刺绣，除各种针法外，还发现了贴绫的做法。它是在一条裙带上绣出梅花，花瓣采用加贴绸料并加以缀绣的做法，富有立体感。然而，各地绣局仍沿着宋人路子，刺绣名人书画或花卉写生，且工艺上不如宋人。《清秘藏》中则道："元人用线稍粗，落针不密，间用墨描眉目，不复宋人精工矣！"可见，元代的刺绣工艺较之宋代无多大进步（图6-22）。

明代是我国手工艺极度发达的时代，承继宋代优良基础的刺绣，顺应时代热潮，继续蓬勃昌盛，而且更上一层楼。明代刺绣工艺也表现出多项特色：一是用途方面，广泛流行于社

图6-22　元代刺绣

会各阶层，与后来的清代共同成为我国历史上刺绣流行风气最盛的时期；二是绣艺方面，一般实用绣作的品质普遍提高，材料改进精良，技巧娴熟洗练，而且趋向迥异宋代繁缛华丽的风尚；艺术绣作在承袭宋绣优秀传统下，能够推陈出新，特别是明代已经出现以刺绣为专业的名家世族和个人，如有名的露香园绣，为上海顾家所创，发明了绘画刺绣相结合的绣画作品，风靡至清朝。这种刺绣家族的纷然崛起且广受社会推崇的风气，也以明末清初最盛。三是衍生其他绣类方面，刺绣原本仅以丝线为材料，明代开始有人尝试利用别的素材，于是有透绣、发绣、纸绣、贴绒绣、戳纱绣、平金绣等出现，大大地扩展了刺绣艺术的范畴。明代刺绣以洒线绣最为新颖突出。洒线绣用双股捻线计数，按方孔纱的纱孔绣制，以几何纹为主，或配以铺绒主花。洒线绣是纳线的前身，属北方绣种，以定陵出土明孝靖皇后洒线绣蹙金龙百子戏女夹衣为例，它用三股线、绒线、捻线、包梗线、孔雀羽线、花夹线六种线、十二种针法制成，是明代刺绣的精品。属北方绣系的还有山东鲁绣、衣线绣和缉线绣（图6-23）。

清代前中期，国家繁荣，百姓生活安定，刺绣工艺得到了进一步的发展和提高，所绣物像变化较大，富有很高的写实性和装饰效果；又由于它用色和谐和喜用金针及垫绣技法，故使绣品纹饰具有题材广泛、造型生动、形象传神、独具异彩、秀丽典雅、沉稳庄重的艺术效果。其折射出设计者及使用者的巧思和品位，体现了清代刺绣所具有的丰富内涵和艺术价值。

图6-23 明代刺绣

清代刺绣，另有两点值得视为突出成就：一是地方性绣派如雨后春笋般兴起，著名的有"四大名绣"——苏绣、粤绣、蜀绣、湘绣，还有京绣、鲁绣等，各自树立自我特色，形成争奇斗艳的局面。二是晚清吸收日本绘画长处，甚至融合西洋绘画观点入绣，江苏苏州沈寿首创的仿真绣，为传统刺绣注入了新鲜血液（图6-24、图6-25）。

图6-24 清代刺绣

民国刺绣存世量较少，晚清政府腐败，国库亏空，百姓生活困苦。庞大的国家经过这么多年的国外列强欺凌和内部军阀的混战，百姓处于水深火热之中，艺人们也都在颠沛流离中疲于生计，根本无暇顾及业余生活和艺术创作。因此，民国刺绣的发展几乎停滞，流传至今的绣品基本也与日常生活息息相关，从艺术和观赏角度出发的刺绣艺术精品非常罕见，而作为刺绣收藏的作品更是难得。

二、其他刺绣

珠绣是在中国刺绣的基础上发展而来的，既有时尚、潮流的欧美浪漫风格，也

图6-25　仿真绣

有典雅、深醇的东方文化底蕴和民族魅力。珠绣起源于唐朝，鼎盛于明清时期，中华人民共和国成立后工艺逐渐失传。而古时的徽州是我国著名的刺绣盛行之地，徽州刺绣又多为珠绣，是古徽州的一项传统民间工艺。古徽州是中国历史上经济文化重地，是我国著名的五大商人之一的徽商的发祥地，明清时期徽商称雄中国商界三百多年，有"无徽不成镇""徽商遍天下"之说。所以在古徽州，男人外出从商是当地习俗，妇女则守在家中等候，这一针一线中凝聚了多少相思，多少闲愁，而这也是珠绣盛行的一个重要因素。珠绣制品的品种很多，有官服、帽、披肩等，最负盛名的当数"三寸金莲"。徽州珠绣设计精美，色彩对比强烈，做工精湛。学习徽州刺绣是古徽州年轻女子们的必修课，是待字闺中或独守空房的妇女打发寂寞时光的最好方法。

玻璃珠绣始于清代光绪年间（1875年至1908年）。当时吕宋（今菲律宾）华侨回中国，带回玻璃珠绣拖鞋（俗称"吕宋拖"），在福建流传。后来，福建漳州匠师用进口玻璃珠制成珠绣拖鞋，流传至厦门。1920年左右，厦门"活源商行"进口小玻璃珠，用于生产珠绣工艺品。中国玻璃珠绣产地有福建、广东等。玻璃珠绣有全珠绣、半珠绣两种，全珠绣是在产品面料上绣满玻璃珠；半珠绣则是在部分面料上绣制玻璃珠，它和面料的质地、色彩相互辉映，有良好的艺术效果。玻璃珠绣的针法有平绣、凸绣、串绣、粒绣、竖珠绣、叠片绣等多种，尤其以有浮雕效果的凸绣最具特色。品种以日用

品为主，有服装、拖鞋、帽、提包、首饰盒、腰带、窗帘等，也有挂屏等装饰欣赏品（图6-26）。

亮片绣也是属于绣花机的一个种类，即在机器上安装亮片，可以是单亮片也可以是双亮片。亮片绣由若干亮片和针迹构成，亮片选用质地较硬、表面平整、光洁度高的材料，配合不同颜色、尺寸和形状，使绣品独具效果。随着科技的发展，如今已经有专门的亮片绣机器，通常情况下亮片绣的制作过程是由亮片装置（分配器）沿指定方向将一个亮片放置在织物上，同时绣针在亮片中心位置刺入织物将亮片位置固定，再以此为中心沿亮片外缘来回刺上几针将亮片包住，使其紧贴在织物上。可见，亮片分配器和绣针是同时运动并配合绣框移动完成缝制亮片工艺的，为保证较高的刺绣质量，既要避免在送片过程中分配器与绣线碰撞导致飞片、断线，以及在刺绣过程中避免绣针刺在亮片上，又要在满足亮片分布形状要求的前提下，规划刺绣顺序以减少不必要的针迹（图6-27）。

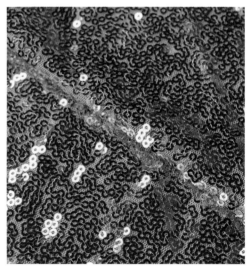

图6-26　珠绣面料

图6-27　亮片绣

三、课程思政实例：中国传统刺绣肚兜

1. 肚兜的历史发展

肚兜，清代徐珂的《清稗类钞·服饰抹胸》有载："以方寸之布为之，紧束前胸，以防风之内侵者。"从尺寸款式、使用方法和功能性三个方面对肚兜进行解读。在此基础上，引导学生观看清代传世肚兜（图6-28），并根据图片做一个较详细的说明，提出

第一次设问："清代的肚兜是这样的款式，其他朝代有没有肚兜，如果有的话，名字是什么？是什么形制的？"从对传统肚兜的概念介绍引入对传统肚兜发展历史的介绍。

通过对传世肚兜图片的展示，以PPT的形式结合教师丰富的肢体语言、口头讲解，让学生充分了解肚兜的概念，实现"了解刺绣肚兜概念"的教学目标。

按照汉代、晋朝、唐朝、宋朝、元朝和明朝的历史先后顺序，带领学生了解肚

图6-28　清代传世肚兜

兜在各个朝代的名称和款式，通过横向的对比，提出第二次设问："肚兜的款式在各个朝代之间似乎在发生周期性的变化，如图6-29、图6-30所示基本是按照开放（汉）—保守（晋唐）—开放（宋元）—保守（明）—开放（清）的规律进行变化的，这种变化与文化、社会环境、经济是否存在一定的联系？"借1920年美国经济学家乔治·泰勒（George Taylor）提出的"裙长理论"启发学生继续探讨的兴趣。

通过PPT动态演示，时刻吸引学生的注意力，结合教师的肢体语言及口头介绍，让学生沉浸在肚兜的发展历史之中，实现"了解传统刺绣肚兜发展变革历史"的教学目标。对肚兜的历史进行总结，承上启下地提出要继续介绍的内容"传统肚兜刺绣的针法"。

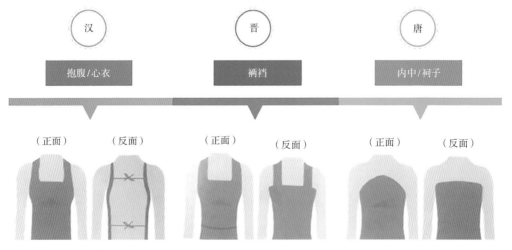

图6-29　汉、晋、唐时期肚兜的名称和款式

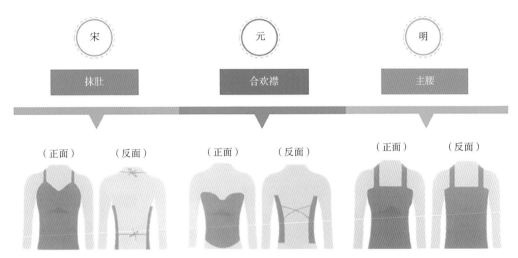

图6-30 宋、元、明时期肚兜的名称和款式

2. 传统肚兜的刺绣工艺

刺绣针法：该知识点需要学生重点掌握传统肚兜刺绣针法的名称和特征，能够鉴别各种刺绣针法。该知识点的难点是各种刺绣针法的优缺点和使用范围，通过输入—强化—再强化—检验—再检验的教学过程，帮助学生理解和记忆。

先从平针绣、打籽绣、盘金绣三种传统肚兜常用的刺绣方法的概念开始介绍，并分析不同针法绣品的视觉特征，为学生植入"平针绣、打籽绣、盘金绣"概念，在了解概念的基础上，辅以刺绣图片，图文结合，让学生更好地理解三种不同的针法。

第一次植入三种刺绣针法的概念，先通过PPT引出概念，再放出图片（图6-31~图6-33），让学生通过教师的口头介绍、文字和图片展示，在对比的环境中加深对三种针法的印象。

图6-31 平针绣牡丹花

图6-32 打籽绣

图6-33　盘金绣

　　介绍平针绣时要强调"常见却不普通"，平针绣也能绣出精美的绣面，介绍打籽绣时要强调"每针脚都有一粒籽"，介绍盘金绣时要强调"金丝"和"金光"等词句，加速学生的理解和记忆。通过PPT展示出一张肚兜图片（图6-34），提出第三次设问："如图所示这款橙色肚兜，都使用了什么刺绣针法？每种针法都在画面的什么位置？"这既是一个强化的过程，也是一个检验的过程，能较好地激发学生的"胜负欲"，更好地以游戏的心态投入到学习中去。

图6-34　平针绣肚兜与放大展示

　　在图片中以动态箭头的形式吸引并引导学生的注意力，一步步将肚兜中的各种刺绣针法展示出来，更好地加强学生对几种刺绣针法的感受（图6-35）。

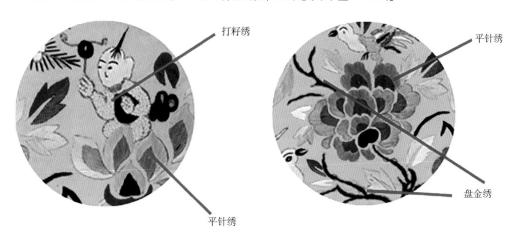

图6-35　橙色肚兜的局部放大与针法位置展示

　　在此基础上，要本着"强化—深入"的原则，对三种针法的纵向深度进行"追击"，逐步介绍三种针法的不同实现方法，将学科专业知识由表层引向深层（图6-36～图6-38）。

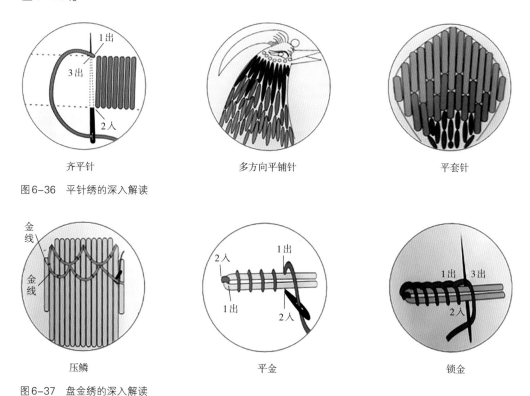

图6-36　平针绣的深入解读

图6-37　盘金绣的深入解读

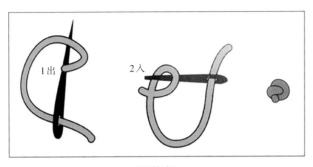

两圈打籽　　　　　　　　　　　　　　　　　　三圈打籽

图6-38　打籽绣的深入解读

　　在对三种针法进行深入介绍的基础上，根据强化—检验理论，再以两个现代刺绣的GIF动图让学生去鉴定，分别使用了什么针法，起到加强夯实的效果（图6-39、图6-40）。

　　通过"引入知识点—强化、再强化知识点—检验、再检验知识点"的思路，借助PPT演示、GIF动图、口头讲授和师生互动，使学生对刺绣针法知识点的认识由浅及深，实现"熟悉掌握传统肚兜的刺绣针法"的教学目标。

　　由敦煌莫高窟第329窟藻井图案引入对中国传统图案构图规律的理解（图6-41），提出中国构图的"对称、均衡、秩序、和谐"之美，以及"旋动、线动和飞动"之美，同时引入中国传统图案构图的"镜像理论"（图6-42），以及藤田伸在《Pattern Design图解图样设计》中提到的用镜射原理研究单独图案和整体图案关系的方法，奠定传统肚兜刺绣构图的分析基调，提出第四次设问："传统肚兜刺绣的构图美如何体现？其构图规律又是什么？"

图6-39　平针绣、盘金绣

图6-40　打籽绣

图6-41　敦煌藻井图

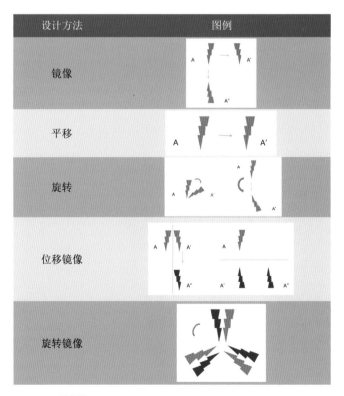

图6-42　镜射构图原理

引导学生根据福禄寿刺绣肚兜（图6-43），首先分析中心自由独立式"福禄寿"纹样，再分析外围适合式"福如东海、寿比南山"，然后解读两种不同形式纹样的组合规律，得到刺绣肚兜构图的第一个规律"中心对称式"和第一种美"律动之美"。

中心对称式——律动　　　　　　　　　　　适合福如东海寿比南山文字纹

图6-43　福禄寿刺绣肚兜

引导学生根据文字花卉器物刺绣肚兜（图6-44），首先分析中心自由独立式"明月正中天"纹样，提出第五次设问："这五个字的组合形式对整体画面布局的作用是什么？"再分析上角适合式"百花赠剑纹"和下角花卉如意纹、左右角如意纹，最后解读两种不同形式纹样的组合规律，得到刺绣肚兜构图的第二个规律"轴对称式"和第二种美"旋动之美"。

轴对称式——旋动　　　　　　　　　　　自由如意花卉纹

图6-44　文字花卉器物刺绣肚兜

引导学生根据麒麟送子刺绣肚兜（图6-45），首先分析中心自由独立式"麒麟送子"纹样，然后分析由环形花卉、钱币等组成的二方连续图形，并提出第六次设问："圆环形构图从形式感和审美角度上带来什么作用？"结合《考工记》中"圆者中规，方者中矩，立者中县，衡者中水"进行引导和分析解读。

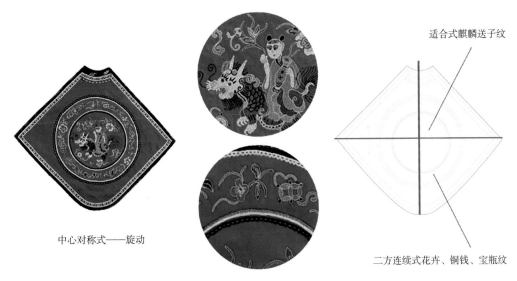

中心对称式——旋动

适合式麒麟送子纹

二方连续式花卉、铜钱、宝瓶纹

图6-45 麒麟送子刺绣肚兜

引导学生根据挖云山羊刺绣肚兜（图6-46），首先分析中心自由独立式"山羊"纹样，然后分析适合式挖云纹样，最后得到刺绣肚兜构图的第三个规律"散点均衡式"和第三种美"飞动之美"。

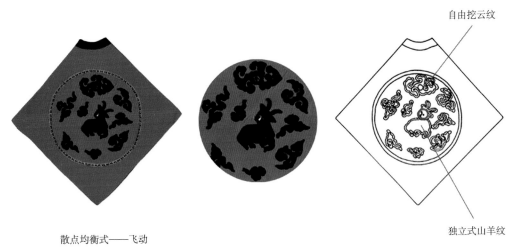

自由挖云纹

独立式山羊纹

散点均衡式——飞动

图6-46 挖云山羊刺绣肚兜

利用PPT演示，通过实物图片、局部放大图和款式图结合教师口头讲授，多角度深层次解读传统刺绣的构图形式美和构图规律，特别是使用款式图上的动态箭头，紧紧抓住学生的注意力，并很好地引导学生的视线走动，实现"掌握传统肚兜刺绣的构图规律"的教学目标。

第三节 扎染、蜡染工艺设计

一、扎染

扎染古称扎缬、绞缬、夹缬和染缬，是中国民间传统而独特的染色工艺，是织物在染色时部分扎结起来使之不能着色的一种染色方法，属中国传统的手工染色技艺。扎染工艺分为扎结和染色两部分，主要是通过纱、线、绳等工具，对织物进行扎、缝、缚、缀、夹等多种形式组合后进行染色。其工艺特点是用线在被印染的织物打绞成结后，再进行印染，然后把打绞成结的线拆除的一种印染技术。扎染有一百多种变化技法，各有特色。例如，其中的"卷上绞"扎染，晕色丰富、变化自然、趣味无穷。更使人惊奇的是扎结每种花，即使有成千上万朵，染出后却不会有相同的出现。这种独特的艺术效果，是机械印染工艺难以达到的（图6-47、图6-48）。

扎染有着悠久的历史，源于黄河流域，起源于何时尚无确切定论。现存最早的扎染制品，出土于新疆地区。据《工仪

图6-47 扎染工艺1

图6-48 扎染工艺2

实录》记载，扎染"秦汉始有之"，这样算来距今已有数千年历史，这朵古代染缬中的奇葩，一直以自己独特而奇妙的姿态植根于人民中间，点缀、美化着人民的生活。

相传早在东晋时期，扎结防染的绞缬绸已经有大批生产，可见扎染这种工艺早在东晋时期就已成熟。当时的绞缬产品，有较简单的小簇花样，如蝴蝶、蜡梅、海棠等；也有整幅图案花样，如白色小圆点的"鱼子缬"，圆点稍大的"玛瑙缬"，紫地白花斑酷似梅花鹿的"鹿胎缬"等。

在魏晋南北朝时，扎染产品被广泛用于妇女的衣着，在《搜神后记》中就有"紫缬襦"（即上衣）、"青裙"的记载，而"紫缬襦"就是指有"鹿胎缬"花纹的上衣。唐代是我国古代文化鼎盛时期，绞缬的纺织品甚为流行、更为普遍，在唐诗中我们可看到当时妇女流行的装扮就是穿"青碧缬"，着"平头小花草履"。在宫廷中更是流行花纹精美的绞缬绸，"青碧缬衣裙"成为唐代时尚的基本式样。史载盛唐时，扎染技术传入云南地区，由于云贵地区的水资源丰富，气候温和，所以古老的扎染工艺在那里落户。唐贞元十六年，南诏舞队到长安献艺，所着舞衣"裙襦鸟兽草木，文以八彩杂革"即为扎染而成。

宋代《大理国画卷》中所绘的跟随国王礼佛的文臣武将中有两位武士头上戴的布冠套，同传统蓝地小团白花扎染十分相似，可能是大理扎染千年前用于服饰的直观记录。经过南诏、大理国直至今天的不断发展，扎染已成为颇具白族风情的手工印染艺术。扎染技法的采用，使面料富于变化，既有朴实浑厚的原始美，又有变幻流动的现代美，具有中国画水墨韵味的美和神奇的朦胧美，扎染服装是立足民族文化的既传统又现代的服装艺术创作。夹染、抓染、线串染及叠染等出现各种不同的纹路效果。在同一织物上运用多次扎结、多次染色的工艺，可使传统的扎染工艺由单色发展为多种色彩的效果。古时候染料一般用植物染料，亦称草木染，常用的染料有红花、紫草、蓝靛等。那时候的扎染技法有米染、面染、豆染等。即用豆面，石灰调成防染浆，通过花板涂在布上，然后煮染，可出现蓝底白花的效果。根据设计图案的效果，用线或绳子以各种方式绑扎布料或衣片，放入染液中，绑扎处因染料无法渗入而形成自然特殊图案。另外，也可将成形的服装直接扎染，分串扎和撮扎两种方式。前者图案犹如露珠点点、文静典雅，后者图案色彩对比强烈、活泼清新。一般可用来制作较为宽松的服装、围巾等，多选用丝绸面料。

明清时期，洱海白族地区的染织技艺已达到很高的水平，除了染布行会，明朝洱海卫红布、清代喜洲布和大理布均是名噪一时的畅销产品。至民国时期，居家扎染已十分普遍，以一家一户为主的扎染作坊密集著称的周城、喜洲等乡镇，已经成为名传四方的扎染中心。

扎染显示出浓郁的民间艺术风格，一千多种纹样是千百年来历史文化的缩影，折射出人民的民情风俗与审美情趣，与各种工艺手段一起构成富有魅力的织染文化。大理染织业继续发展，周城成为远近闻名的手工织染村（图6-49）。

图6-49 周城扎染

二、蜡染

蜡染，是我国古老的少数民族民间传统纺织印染手工艺，古称蜡，与绞缬（扎染）、夹缬（镂空印花）并称为我国古代三大印花技艺。贵州、云南的苗族、布依族等民族擅长蜡染。蜡染是用蜡刀蘸熔蜡绘花于布后以蓝靛浸染，既染去蜡，布面就呈现出蓝底白花或白底蓝花的多种图案，同时，在浸染中，作为防染剂的蜡自然龟裂，使布面呈现特殊的"冰纹"，尤具魅力。由于蜡染图案丰富，色调素雅，风格独特，用于制作服饰和各种生活实用品，显得朴实大方、清新悦目，富有民族特色（图6-50）。

苗族蜡染是将苗家人的生活、生产、战争、迁徙等场景按照自然规律和心理活动逻辑进行简体、变形、夸张和抽象而成的"人化自然"的心灵符号，组成一种理想化的完形关系。这种"人化"作用沟通了人们心灵的联系，架起了一座人类共同审美经验的桥梁。它像一条纽带，把不同时代、不同文化传统、不同文化氛围中的人从深层意识中联结起来。这种沟通作用使不同的人出于不同的目标与角度，从积淀下来的形式中，感受到不同层次的内容。

苗族蜡染在现今的历史条件下，已由原有功利内容的意念标记转化为用作欣赏的审美形式，人们在对这蓝白相间的幽远、神秘象征符号的联想与品评中，重新领悟并充实了它的内容。当人们站在现代文明的角度去审视与评价这种传统的文化艺术品时，它实际上已超脱了自身，作为一种艺术元素融入了现代艺术生活，实现了向新的文化氛围与审美境界的跨越，展示出了新的文化意义。综上所述，苗族蜡染在新时代的发展虽然面临着困难和挑战，但同样也存在着机遇。人类跨入了知识经济时代，逐渐开始了全球规模的文化交流。现代的经济价值、文化价值观正渐渐同化民族文化与民族艺术，这显然是不可逆转的潮流。关键在于，我们如何看待传统的民族文化，是保持发扬，还是任其自生自灭。虽然苗族蜡染文化已经引起文化界和艺术界的重视，但其传统的独特工艺、其毫无功利内容的图案形式以及其所独具的深刻的文化内涵能否以完整的、不掺杂现代诠释的方式保存下来，还需关注传统民族文化的人们进一步努力（图6-51）。

图6-50　蜡染桌布

图6-51　丹寨苗族蜡染

蜡染的制作工艺大体步骤如下：

（1）画蜡前的处理。先将自产的布用草灰漂白洗净，然后用煮熟的芋捏成糊状涂抹于布的反面，待晒干后用牛角磨平、磨光，石板即是天然的磨熨台。

（2）点蜡。把白布平贴在木板或桌面上，把蜂蜡放在陶瓷碗或金属罐里，用火盆里的木炭灰或糠壳火使蜡融化，便可以用铜刀蘸蜡，作画的第一步是经营位置。有的地区是照着纸剪的花样确定大轮廓，然后画出各种图案花纹。绘出大轮廓，便可以得心应手地画出各种美丽的图案。

（3）染色。浸染的方法，是把画好的蜡片放在蓝靛染缸里，一般每一件需浸泡五六天。第一次浸泡后取出晾干，便得浅蓝色。再放入浸泡数次，便得深蓝色。如果需要在同一织物上出现深浅两色的图案，便在第一次浸泡后，在浅蓝色上再点绘蜡花浸染，染成以后即现出深浅两种花纹。当蜡片放进染缸浸染时，有些"蜡封"因折叠而损裂，于是便产生天然的裂纹，一般称为"冰纹"。有时也根据需要做出"冰纹"。这种"冰纹"往往会使蜡染图案层次更加丰富，具有自然别致的风味。

（4）去蜡。经过冲洗，然后用清水煮沸，煮去蜡质，经过漂洗后，布上就会显出蓝、白分明的花纹来。

三、课程思政实例：中国传统手工染色

1. 天然植物染料与染色工艺

通过PPT展示，口头介绍中国传统植物染色悠久的历史，通过《周礼》对古代染色的记载，提升学生对中国传统手工艺的民族自豪感，通过《考工记》对古代手工染色的记载，让学生对中国传统手工染色形成一个整体印象。再提出第一次设问："在色彩构成课程中，三原色是指什么颜色？常见的传统植物染色都有什么色彩？"

这部分内容主要让学生熟悉并掌握天然植物染料的色系分类与色彩呈现原理。根据第一次设问，从三原色原理过渡到天然植物染色的常见色彩。

通过PPT图片展示（图6-52）和口头讲授，引导学生回顾三原色基础知识，并根据第一次设问进行逐步解答，利用动画演示板蓝根染色（蓝）、红花染色（红）、栀子染色（黄），将三原色原理与传统织物染色色彩建立起联系，为详细介绍天然植物染色色系分类做好铺垫。

（1）天然植物染料——红黄色系。这部分内容要让学生掌握常见的红黄色系的植物染料和染色效果，主要介绍红花、茜草、苏木、栀子、黄檗等常见的传统植物染料，并

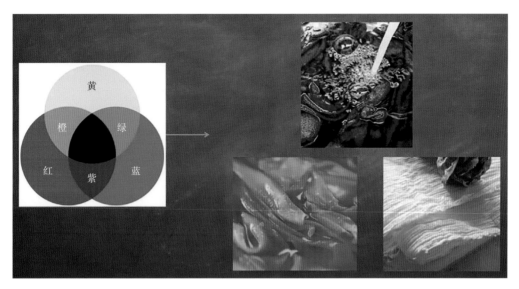

图6-52　色彩原理与传统染色色彩

结合实例介绍玫瑰花染色和洋葱皮染色，让学生能够初步将染料与染色效果对应起来。

通过PPT图片展示（图6-53、图6-54），让学生猜植物名，让学生初步形成植物本身颜色与染色效果不一定一致的概念。在介绍完这几种植物染料后，再利用PPT图片（图6-55、图6-56），展示每种植物染料的染色效果，加强学生的印象。红花、茜草、苏木这几种染料介绍完之后进行第二次设问："这三种染料染出来的效果都是红色的，哪些植物可以染出黄色呢？"让学生的思维紧跟老师的节奏。

在介绍常见红黄色系植物染料的基础上，拓展介绍玫瑰花染色和洋葱片染色（图6-57、图6-58），将玫瑰花、洋葱片与对应的染色效果对应起来，并简要介绍染色过程、媒染剂、固色剂，让学生初步了解传统植物染色工艺流程和注意事项。

红花　　　　　　　　茜草　　　　　　　　苏木

图6-53　红黄色系植物染料红花、茜草、苏木

栀子   槐花   黄檗

图6-54　红黄色系植物染料栀子、槐花、黄檗

红花染色效果   茜草染色效果   苏木染色效果

图6-55　红花、茜草、苏木染色效果

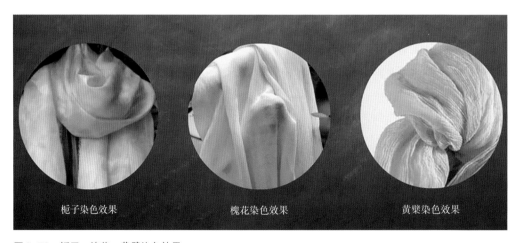

栀子染色效果   槐花染色效果   黄檗染色效果

图6-56　栀子、槐花、黄檗染色效果

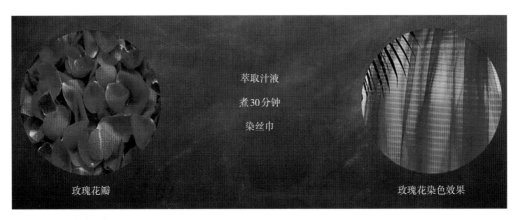

图6-57 玫瑰花染色

图6-58 洋葱皮染色

这部分内容的讲授主要采用了PPT演示、老师口头讲授、设问、猜植物名小游戏等教学方法，达成使学生掌握传统红黄色系植物染料类别、染色方法和创造性拓展植物染料种类的教学目标。

（2）天然植物染料——蓝绿色系。这部分内容要让学生掌握常见的蓝绿色系的植物染料和染色效果，主要介绍菘蓝、蓼蓝、马兰、木兰、艾叶、丝瓜叶等常见的传统植物染料，并结合实例介绍杜鹃花染色和迷迭香染色，让学生能够初步将染料与染色效果对应起来。

通过PPT图片展示，让学生猜植物名。在介绍完菘蓝、蓼蓝、马兰、木兰、艾叶、丝瓜叶这几种植物染料后，再利用PPT图片展示每种植物染料的染色效果，加深学生的印象。然后进行第三次设问："这三种染料染出来的效果都是蓝色的，哪些植物可以染出绿色呢？"让学生的思维紧跟老师的节奏。

在介绍常见蓝绿色系植物染料的基础上，拓展介绍杜鹃花染色和迷迭香染色，将杜鹃花、迷迭香和相应的染色效果对应起来，并简要介绍染色过程、媒染剂、固色剂，让学生初步了解传统植物染色工艺流程和注意事项。

这部分内容的讲授主要采用了PPT演示、老师口头讲授、设问、猜植物名小游戏等教学方法，达成学生掌握传统蓝绿色系植物染料类别、染色方法和创造性拓展植物染料种类的教学目标。

（3）天然植物染料——紫黑色系。这部分内容要让学生掌握常见的紫黑色系的植物染料和染色效果，主要介绍紫草、桑葚、五倍子等常见的传统植物染料，并结合实例介绍葡萄皮染色和红千层染色，让学生能够将染料与染色效果对应起来。

通过PPT图片展示，让学生猜植物名。在介绍完紫草、桑葚、五倍子这几种植物染料之后，进行第四次设问："这些植物分别能够染出什么色彩？"

根据设问利用PPT图片展示每种植物染料的染色效果，加深学生的印象。在介绍常见紫黑色系植物染料的基础上，拓展介绍葡萄皮染色和红千层染色，将葡萄皮、红千层和相应的染色效果对应起来，并介绍染色过程、媒染剂、固色剂，让学生初步了解传统植物染色工艺流程和注意事项。

这部分内容的讲授主要采用了PPT演示、老师口头讲授、设问、猜植物名小游戏等教学方法，达成学生掌握传统紫黑色系植物染料类别、染色方法和创造性拓展植物染料种类的教学目标。

进行第五次设问："除了老师介绍的这些植物染料外，在我们的日常生活中，还有哪些常见的植物染料？"小结式的设问，让学生对老师讲授的内容进行一个回顾性总结，并能够进行拓展性思维。

2. 传统扎染工艺

该知识点需要学生在认识传统植物染料的基础上，掌握传统染色工艺和扎染工艺。难点是扎染工艺的发散性创新，通过基础扎染工艺的介绍和老师的引导，让学生能够对基础扎染工艺进行发散性创新。

提出第六次设问："我们在介绍天然植物染料染色过程和方法的时候看到的大多是全染的效果，在日常生活中，你都见到过哪些不同的染色效果呢？"根据第六次设问，通过PPT展示蓝染效果，引入传统扎染工艺（图6-59）。

引导学生观察云南白族扎染的特征（图6-59），虽然整个图案看起来很复杂，但是不难看出整个画面所呈现出来的"点、线、面"关系。引导学生针对该图片进行思考，这个扎染效果如何由点成线，又如何由线成面，如何将复杂的图案解构出具体的扎染工艺。根据学生的思考，老师引导学生从扎染"点"工艺基础进行学习（图6-60）。

图6-59 云南白族扎染

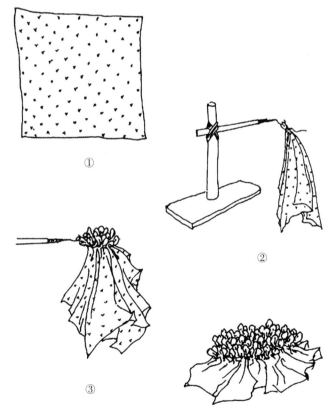

图6-60 扎染"点"工艺演示图

根据扎染"点"工艺演示图，引导学生把握住扎染"点"的布局、固定流程，并根据串缝扎染示意图和效果图让学生形成"由点及线、由线及面"的创作思维（图6-61、图6-62）。

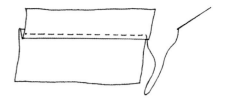

图6-61　串缝扎染示意图

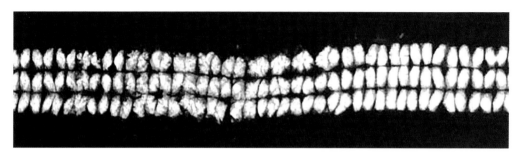

图6-62　串缝扎染效果

根据对扎染"点"工艺的介绍和"由点及线、由线及面"的理念引导，利用PPT演示让学生观察各种扎染效果（图6-63），并分析图中各种扎染效果的形成方法，拓展学生对创新扎染工艺的掌握。

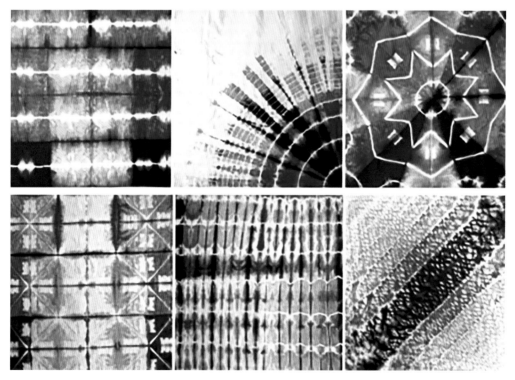

图6-63　各种扎染效果

这部分内容利用了PPT演示、启发式提问、引导式观察、对比分析等手段让学生快速理解并掌握扎染工艺，达成拓展性掌握传统染色工艺的教学目标。

 **思考与练习**

1. 现代印花、提花工艺的发展趋势是什么？
2. 如何更好地将刺绣工艺应用在现代家纺设计中？
3. 如何既保持扎染、蜡染的民族特色，又能保持其在家纺应用设计中的时尚性和流行性？

参考文献

［1］闫小琴. 室内陈设环境中家用纺织品的装饰性表现分析［J］. 西部皮革，2022，44
　　（16）：126–128.

［2］安雪礼. 水墨画元素在家用纺织品设计中的应用研究［J］. 纺织报告，2022，41
　　（6）：71–73.

［3］徐翊轩，易颖. 中国传统吉祥纹样在现代家用纺织品设计中的应用［J］. 化纤与纺
　　织技术，2022，51（4）：177–179.

［4］周茜. 婚庆家用纺织品中龙凤纹的设计应用［J］. 流行色，2022（4）：37–39.

［5］付好. 唐代莫高窟藻井图案在现代家用纺织品设计中的应用研究［D］. 武汉：武汉
　　纺织大学，2022.

［6］陈燕欣. 朱仙镇年画装饰艺术语言在家用纺织品设计中的应用研究［D］. 武汉：武
　　汉纺织大学，2022.

［7］李琴，王云. 市场调研实务［M］. 北京：水利水电出版社，2011.

［8］王侨飞. 水墨画元素在家用纺织品设计中的运用分析［J］. 纺织报告，2022，41
　　（1）：97–99.

［9］李尚书. 扎染类家用纺织品在室内空间的配套应用［J］. 印染，2021，47（12）：
　　74–75.

［10］郭川. 手工编织艺术在家用纺织品设计中的应用［J］. 化纤与纺织技术，2021，
　　50（12）：151–153.

［11］张智薇. 温感变色家用纺织品设计与应用［D］. 北京：北京服装学院，2021.

［12］田燕. 二十四节气文化元素在家用纺织品中的应用分析［J］. 轻纺工业与技术，
　　2021，50（11）：100–101.

［13］李尚书，卢雪清，邵小华. 基于扎染艺术的家用纺织品设计特征分析［J］. 西部
　　皮革，2021，43（16）：54–55.

［14］刘诗雨. 温州夹缬在现代家用纺织品设计中的应用研究［D］. 镇江：江苏大学，
　　2021.

［15］郭敏，何晓娟. 功能性家用纺织品创新开发实践及发展趋势［J］. 纺织报告，

2021，40（6）：91–92.

［16］李大维. 中国传统吉祥图案在当代家用纺织品设计中的创新运用［J］. 天工，2021（5）：118–119.

［17］沙杉. 童趣画风在现代家用纺织品中的主题应用研究［D］. 武汉：武汉纺织大学，2021.

［18］孙子敏. 儿童涂鸦在现代儿童家用纺织品中的应用研究［D］. 武汉：武汉纺织大学，2021.

［19］陈燕欣，张雷. 现代装饰图案在家用纺织品设计中的创新应用研究［J］. 服饰导刊，2021，10（1）：110–117.

［20］冯相云，郑骞. 中国纹样元素在家用纺织品设计中的应用研究［J］. 轻纺工业与技术，2020，49（12）：61–63.

［21］陈宇刚. 仿生设计在儿童家用纺织品中的运用［J］. 现代丝绸科学与技术，2020，35（5）：22–25.

［22］陈佳. 功能性家用纺织品的创新开发与发展趋势［J］. 纺织导报，2020（8）：28–35.

［23］张静. 敦煌藻井纹样在家用纺织品设计中的应用［J］. 染整技术，2020，42（6）：55–58，64.

［24］黄乔智. 几何绗缝图形在家用纺织品设计中的应用研究［D］. 武汉：武汉纺织大学，2020.

［25］魏荷沂. 清代鹿纹在现代家用纺织品设计中的应用研究［D］. 武汉：武汉纺织大学，2020.

［26］刘玉洁，周鹏. 市场调研与预测［M］. 大连：大连理工大学出版社，2007.

［27］冯媛. 家用纺织品的配套设计与应用［J］. 美术文献，2019（2）：138–139.

［28］郑艳霞. 家用纺织品的流行趋势［J］. 国际纺织品流行趋势，2018（6）：14–18.

［29］亚历克斯·罗素. 纺织品印花图案设计［M］. 北京：中国纺织出版社，2015.

［30］卢慧娜. 传统拼布在家用纺织品设计中的传承与创新研究［J］. 中国民族博览，2018（5）：17–18.

［31］杨娟，张好恬. 基于地域特色的拼布家用纺织品的设计——以南通地区为例［J］. 现代丝绸科学与技术，2018，33（2）：29–31.

［32］胡木升. 家用纺织品的环保印花工艺［J］. 网印工业，2018（2）：20–23.

［33］肖海. 法兰克福家用纺织品博览会趋势解读［M］. 北京：中国纺织出版社，2007.

［34］白展展．家用纺织品图案的细致性格分析［J］．山东纺织经济，2017（12）：26–27．

［35］唐宇冰，汤橡．家用纺织品配套设计［M］．北京：北京大学出版社，2011．

［36］王利．印花面料设计［M］．天津：天津大学出版社，2011．

［37］庞冬花，刘雪燕．家用纺织品设计与工艺［M］．北京：中国纺织出版社，2009．

［38］鲍小龙，刘月芯．手工印染：扎染与蜡染艺术［M］．上海：东华大学出版社，2006．

［39］沈婷婷．家用纺织品造型与结构设计［M］．北京：中国纺织出版社，2004．

［40］龚建培．装饰织物与室内环境设计［M］．南京：东南大学出版社，2006．

［41］王琥．装饰与民间艺术［M］．重庆：重庆出版社，2003．

附录　作品赏析

家用纺织品作品赏析如附图1~附图26所示。

附图1

附图2

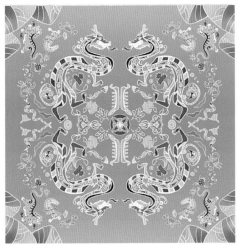

附图3

附图4

附图5

附图6

附图7

附图8

附图9

附图10

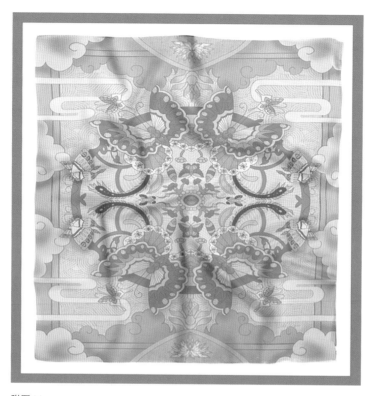

附图11

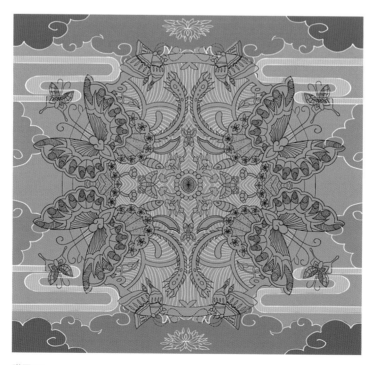

附图12

附图13

附图14

附图15

附图16

附图17

附图18

附图 19

附图 20

附图 21

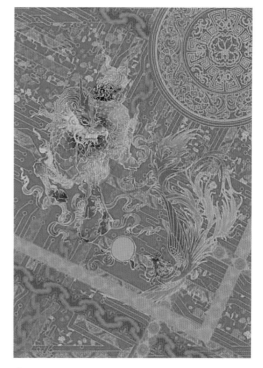

附图 22

附图 23

附图 24

附图 25

附图 26